GENDAI SUGAKU AUGUST 1970——CONTENTS

現代数学／8月号

目　次

表紙デザイン・川本　博
本文カット・高士章和　山口　彰

● 特　集／位　相 ●

微積分と位相

斎藤喜宥

大学で行なわれている数学の講義と，高校とのちがいのうち最初に現われるのが連続性に関する ε-δ 論法だとよくいわれる．学生諸君にとっては，だから数学の授業はよくわからないとか，うんざりする，どうせすぎてしまえばたいしたことはない，などということになる．一方教師の方は高校とここそちがうんだぞと力んで，連続性の定義も知らん学生はなっていない，とか論理の力がないからここで訓練しなくてはなどと頑張るたねになっている．一体 ε-δ 論法なるものはそんなに大切なものなんだろうか？　この号でも他の方がそれについて取り上げられると思うので，ここでは深入りせず，連続性の問題には ε-δ 論法以外にも道があることを示すのが主な目的である．

この頃は高校でも微積分はずい分たくさん勉強する．まごまごすると大学でやることがないかもしれないが，そうもいってられないから大学での微積分はいったいなにかと考えてみる．これは広くいって解析学の最初の入口ということになるだろう．解析学が結局関数というものの特徴をつかまえるものとみると，世の中には色々な関数が限りなくある．そこでまあ一番取り扱いやすく，重要なのは連続関数ということなので，ここに連続性の重要さが現われてくる．

もう諸君もたぶん連続の定義を色々ならった事だろうが，ここで一通りおさらいをしてゆくことにしよう．

関数とは1つの数（実数でなくてもよいが）x に対して他の1つの数 y が定まるとき，その関係を f と書けば $y=f(x)$ というおなじみのものである．所で連続とはいったい何か？　直観的な見方からすると，グラフを書いてみたとき，その図形は諸君がよく知っている $y=x^2$, $y=\sin x$, … 等の関数ではどこにも切れ目のない図形になっているのに，一方 $y=\frac{1}{x}$ ではつながっていない．つまり図形としてグラフのつながりの問題が連続性と考えてもよい．しかしいつもグラフが書けるわけではないし，定義としてはあいまいだといわれそうだ．そこでこれを次のようにいいなおしてみよう．x_0 を一つの実数として x は色々変動するが x_0 に近づいていくとすると，当然そのとき $f(x)$ も色々変動するわけだが，これがいつも $f(x_0)$ に近づくとき $f(x)$ は**連続**という．記号では $\lim_{x\to x_0} f(x)=f(x_0)$ とかく．これが連続の自然な定義でここには，ε も δ もでてこない．所が世の中にはうるさい人が大ぜいいるから，色々文句がついてくる．たとえば $x\to x_0$ とはなんだ．これは $x-x_0\to 0$（0に近づく）．つまりはどんな小さな実数 $\delta>0$ をとっても $|x-x_0|<\delta$ となるように x が変動してくることでなどといっているうち

$$\forall\varepsilon>0,\ \exists\delta>0\quad |x-x_0|<\delta \Rightarrow |f(x)-f(x_0)|<\varepsilon$$

などという呪文のような式が登場して，こいつがさっぱりわからないという事になる．

上の式の解釈はあとでいるから書いておくと，

“どんな ε（ε は正の数）をとってもその ε に（正確には x_0 にも）関係して δ という正の数を少なくとも1つさがしてきて $|x-x_0|<\delta$ であるならば常に $|f(x)-f(x_0)|<\varepsilon$ が成立する”

この文章は x が x_0 に近づくとき，$f(x)$ が $f(x_0)$ に近づくといったとき，一体どのような具合に近づくかを指定する．つまり ε に対してこの程度に近づくには x の方では δ 程度近ければよいという，一種の証拠として δ を提出することができればよい．だから一つの関数 f について同じ ε であっても状況 x_0 がちがえば証拠の δ も色々変わる．ぼくの考えでは連続にとってあくまで大切なことは $\lim_{x\to x_0} f(x)=f(x_0)$ であって，ε-δ はそれを具体的に保証するための1つの手続きのようなものだと思ったらよい．もっとも手続きを知らなくては困ることもあるから，連続というものを理解するためにも，与えられた場合に対しいつもすぐ証拠をあげられる能力があるというのも大切なことだろうから，具体的な場合を充分ぎんみしてみるのはよい事である．さて ε-δ 論法による連

続性の述べ方で重要な点は実数での近さを $|x-x_0|$ で与えていることである．この2数の差の絶対値によって実数の間に距離が導入されたわけだ．数学の対象以外のものは簡単に数量化はされないが，近さの概念をもつものが色々とある．例えば肉身の関係，友達同志，あるいは似ているという言葉も近いという感じをもっている．よく似た色，味，臭いなどでもよい．これ等は必ずしも数量化されなくても近い遠いという概念をもつことができる．他方数学的対象にもどって，正方形の一辺の長さとその面積との関係は $y=x^2$ と書けるかもしれないが，これは一辺をはかる単位，面積をはかる単位をきめておかなければ，数量化して上の式のように表わすことはできない．しかし正方形の面積がその一辺の長さに対して連続関数であるということは，単位のとり方，それによって表現される式とは無関係なことである．このことは関数の連続性というものが実数の性質としての距離というものに，それほど直接的にむすびついていないんではないかと思わせる．実際もし実数で x が x_0 に近づくという事が2通りの方法で与えられたとしよう．それを $x \underset{1}{\to} x_0$，$x \underset{2}{\to} x_0$ と書くことにして，もし $x \underset{1}{\to} x_0$ なら $x \underset{2}{\to} x_0$ で逆に $x \underset{2}{\to} x_0$ なら $x \underset{1}{\to} x_0$ であるとする．つまり2通りの近づき方の方法は異なってもどちらも同じであるなら，1の方法で連続を定めて，つまり $x \underset{1}{\to} x_0$ のとき $f(x) \underset{1}{\to} f(x_0)$ も，2の方法で連続を定めても同じになる．前の正方形の例でいえば一辺の長さをどの様な単位で量っても，ある長さが一定の長さに近づくことはその単位に無関係なことから連続性はどの単位についても保たれることがわかる．

いままでの連続性の説明でその性質は**収束**の概念に強く依存していることがわかるが，一方収束は距離から導かれる．所が距離については異なった種類であっても収束については同等になることがあるのに注意しよう．

そこでもし距離による近さの概念をもっと別なもので置き換えてみることが出来るならば，関数の連続性というものも，距離から離れたものとしてもっと一般的な対象に対して定義されるのではなかろうか？　そして諸君が微積分の中で学ぶいくつかの重要な定理をその新しい概念 **位相** の応用として理解することができる．

前置きはこの辺で，一体近さを抽象化するにはどうしたらよいか又なぜそれが必要かを考えてみよう．今まで諸君の考えてきた関数では変数，値ともせいぜい複素数までで，さらに変数の数も2個とか3個というぐらいで，そのようなときには割合自然に2点間の距離というものを考えることができる．しかし（あまりよい例かどうかわからないが）たとえば光（あるいは色といってもよい）を考えるとこれはスペクトル分解によってある波長に対し強度がきまるから，ある光を一つの関数 f とみることができる．この光の集りで f の光と g の光を重ね合したものを $f+g$，強度を λ 倍したものを λf などとすると，光をベクトルみたいなものとみることができる．このときたがいに近い色とは何かということは感覚的には容易にわかるし，数学的には f のグラフと g のグラフが図形として近いということになるだろう．しかしこの2つの光の間に距離をきめることはそんなに明白なことではない．

近さの概念を抽象化する前に普通の平面 L 上で点 P に近い点とはなにかと考えてみると

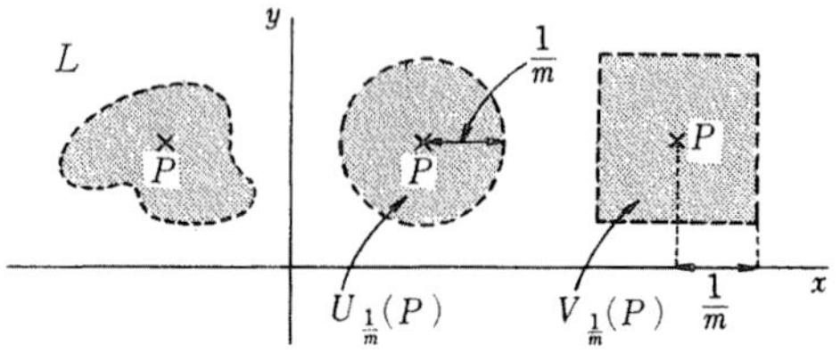

上の図のどれも P に近いといえば近いが見方によっては遠いともいえる．結局距離が $\frac{1}{10}$ なら近いとか $\frac{1}{1000}$ なら近いといえない．そこで L の点の列 $P_1, P_2, \cdots, P_n, \cdots$ がある点 P_0 に近づくというのは，次のようにあらわされる．

(i)　P_n と P_0 の距離が n が大きくなると0にいくらでも近づく．

(ii)　P_n の x-座標を x_n，y-座標を y_n とすると，$x_n \to x_0$，$y_n \to y_0$．

上図での $U_{\frac{1}{m}}(P)$ を P との距離が $\frac{1}{m}$ より小となる点全体の集合，$V_{\frac{1}{m}}(P)$ を P の x-, y-座標の差の絶対値がそれぞれ $\frac{1}{m}$ より小となる点全体の集合とする．

(i) はどんな正の整数 m をとってきても，点列 $\{P_n\}$ の先の方はすべて $U_{\frac{1}{m}}(P_0)$ に含まれる．

(ii) も同様にどんな m をとっても点列 $\{P_n\}$ の先の方はすべて $V_{\frac{1}{m}}(P_0)$ に含まれる．

点列の収束で大切なことは，点 P_0 の近くの点の集合，たとえば $U_{\frac{1}{m}}(P_0)$ がたくさんあっても，そのどれをとっても，点列の先の方は全部入ってしまうことである．だからもし P に近い点の集合として P だけの集合 $\{P\}$ があるなら $P_n \to P$ ということは，或る所から先はすべての n に対し $P_n=P$ でなければならないことになる．それから P の近くの点の集合というのはまず P は含んでいないと困るが，P の近くの点の集合がどれも P 以

外の点 Q をも含んでいるときには，P_n が P に収束しながら同時に異なる点Qにも収束するというようなことも起こってくる．これ等については後でもう少しくわしくふれる．

このような点 P に近い点の集合を P の**近傍**と呼ぶのだが，それを天下りに次の様に定義してみる．

X を一つの集合とし，X の元 P に対して少なくとも1つ P の近傍 $V(P)$ という X の部分集合があって以下の性質をもっている．

***N* 1)** $P\in V(P)$

***N* 2)** $P\in V(P),\ P\in V'(P) \Rightarrow \exists V''(P)\subset V(P)\cap V'(P)$

***N* 3)** $P\in V(P),\ \forall Q\in V(P) \Rightarrow Q\in \exists W(Q)\subset V(P)$.

説明は図をみて考えてもらうこととしよう．

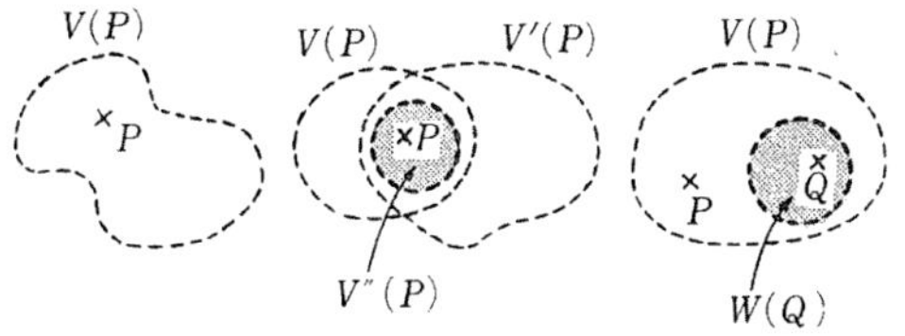

これらの性質は平面の場合の $\{U_{\frac{1}{m}}(P)\}$，$\{V_{\frac{1}{m}}(P)\}$ はいずれももっている．上の N1)〜N3) をみたす集合の集りで P を含むものを ***P* の近傍系**と呼び，P を X の点全体で考えてすべての近傍を集めたものを，***X* の近傍系**と呼んで，集合 X にこの近傍系を1つ指定したものを**位相**をもつ空間，あるいは**位相空間**という．前のユークリッド平面の例でもわかるように，距離をもった空間からは容易に近傍系を作ることができる．ここで簡単に距離をもつ空間を定義しておこう．

集合 M の任意の2点 P, Q をとると，それに対して $d(P, Q)\geqq 0$ という実数が唯一つ定まって次の条件をみたす．

***M* 1)** $d(P, Q)=0 \Longleftrightarrow P=Q$

***M* 2)** $d(P, Q)=d(Q, P)$

***M* 3)** $d(P, R)\leqq d(P, Q)+d(Q, R)$

いま上の M の点 P と $\varepsilon>0$ に対して $U_\varepsilon(P)=\{Q|d(P, Q)<\varepsilon\}$ を P の ε-近傍とする．N1), N2), N3) は容易に示される．だから距離空間は位相をもつといえる．この場合大切なことは，このように作った近傍系による位相空間の点列の収束も距離で考えた収束も同じであることである． ここで近傍系で，$\{P_n\}$ という点列が P_0 に収束するとは，どんな P_0 の近傍 $U(P_0)$ をとっても点列 $\{P_n\}$ の先の方は全部 $U(P_0)$ に入ってくることである．記号で書いてみると

$$\forall U(P_0),\ \exists n_0,\ \forall n\geqq n_0,\ P_n\in U(P_0)$$

ところで前の例でもわかるように，近傍系というのは一つの集合に対して必ずしも一通りでないことがある．つまりみかけ上異なっていても収束に関しては $\{U_{\frac{1}{m}}\}$ も $\{V_{\frac{1}{m}}\}$ も全く同じ役割りをはたすわけだが，抽象的な近傍系についても同じことを考えてみよう．いま同じ集合 Xに2種類の近傍系 $\{U(P)\}$ と $\{V(P)\}$ が与えられたとき，次の条件があれば，2種の収束は全く同様になる．

(1) $\forall P,\ P\in\forall U(P) \Rightarrow P\in\exists V(P)\subset U(P)$

(2) $\forall P,\ P\in\forall V(P) \Rightarrow P\in\exists U(P)\subset V(P)$

つまり U の種類と V の種類は互いに入れ子になっているならば収束に関してはどちらを使っても同じになるから (1) (2) を満たすものは区別する必要がない．このとき $\{U(P)\}\sim\{V(P)\}$ と表わすと〜は同値関係になっていて同値な近傍系は同じ位相を与えるといえる．しかしもっと直接かつ一意的に位相をきめるものをみつけたい．

実数の場合の収束や連続の定義には $\{x||x-x_0|<\varepsilon\}=(x_0-\varepsilon, x_0+\varepsilon)$ のような集合が重要である．この開区間の定義のもつ特徴を一般化すると**開集合**の概念が登場する．

“X の部分集合 G が開集合とは G の任意の点 P に対し $U(P)$ という G に含まれる P の近傍が存在する”

X の開集合全体の集りを $\mathbf{O}$ とする．これが近傍系 $\{U(P)\}$ による**開集合族**というもので，次の性質をもっている．

***O* 1)** $X,\ \phi\in\mathbf{O}$ （ϕ は空集合）

***O* 2)** $G_1, \cdots, G_r\in\mathbf{O} \Rightarrow \bigcap_{i=1}^{r} G_i\in\mathbf{O}$

***O* 3)** $G_\alpha\in\mathbf{O} \Rightarrow \bigcup_{\alpha} G_\alpha\in\mathbf{O}$

上の性質は実数直線の開区間などでは容易にたしかめられる．O2) については有限個の開集合でなければ反例がある．O3) は有限，無限をとわず常に成り立つ．さてもし X に2種類の近傍系 $\{U(P)\}$ と $\{V(P)\}$ が与えられて $\{U(P)\}\sim\{V(P)\}$ ならば U から定められた開集合族 $\mathbf{O}_U$ と V から定められた $\mathbf{O}_V$ をみると，$\mathbf{O}_U=\mathbf{O}_V$ となることは諸君が容易に証明することができるだろう．なお N3) から近傍系の $U(P)$ 自身 $\mathbf{O}_U$ の意味で開集合となっているので N1)〜N3) をみたす近傍系を**開近傍系**ということもある．

ここで逆に O1)〜O3) をみたす X の部分集合族を与えたとき，$P\in X$ に対して Pを含む $\mathbf{O}$ の元を P の近傍と呼ぶこととして，X のすべての点 P の近傍全体を $\{U(P)\}$ とすると，これが N1)〜N3) をみたすこ

とは容易にわかる．だから近傍系 ⇒ 開集合族に対し逆に開集合族 ⇒ 近傍系という関係がある．いま

$$\mathbf{O} \Rightarrow \{U\} \Rightarrow \mathbf{O}_U \Rightarrow \{V\}$$

とすると，$\mathbf{O}=\mathbf{O}_U$, $\{U\}\sim\{V\}$ となるから，位相を定めるためには，O1)～O3) をみたす開集合族を指定してやることとしてよい．

さて任意の集合 X に対して開集合族は最低2種類はある．第1に $\mathbf{O}=\{X, \phi\}$ とする．この位相に対応する近傍系はつねに全空間 X で，この位相では X のどんな点列も X の任意の点に収束する．つまりこの空間では収束ということではどの点も区別できない．第2の例は P の近傍として P 自身をとれる近傍系で，$\mathbf{O}$ としては X の部分集合全部をとる．これが O1)～O3) をみたすことは容易にわかる．この空間の特徴は $\{P_n\}$ が P_0 に収束するとすれば，P_0 が P_0 自身の近傍だから点列の先の方はすべて $P_n=P_0$ となっていなければならないことになる．

つまり第1の空間では収束が非常に大ざっぱ（でたらめ）であるのに対し第2の空間ではひどく厳重なことである．第1の位相を**密着位相**，第2を**離散位相**と呼ぶ．たとえば実数全体にも離散位相を考えることができるわけで，普通は0に収束するような $1, \frac{1}{2}, \frac{1}{3}, \cdots, \frac{1}{n}, \cdots$ の数列がこの位相では全く収束しなくなってしまう．このようにどんな集合 X に対しても開集合族が少なくとも2種類は定義できることがわかる．しかし上の2種類の位相はいわば余りに単純な位相で実際はそれ以外に多くの位相があって簡単ではない．そこで同じ集合 X に種々の位相が導入されたときその強弱についてのべておくと，$\mathbf{O}_1$, $\mathbf{O}_2$ が2種類の位相を与える開集合族で，$\forall U \in \mathbf{O}_1 \Rightarrow U \in \mathbf{O}_2$ のとき $\mathbf{O}_2$ は $\mathbf{O}_1$ より強い位相と定める．上の例の密着位相は一番弱い位相で，離散位相は一番強い位相になっている．

実数の位相では開区間 (a, b) に対し閉区間 $[a, b]$ も重要な役割をはたしているわけであるが，一般の位相空間 $\{X, \mathbf{O}\}$ に対しても閉集合というものを定義する．X の部分集合 F が $X-F\in\mathbf{O}$ となるとき**閉集合**と呼ぶ．そこで X の閉集合全体の集りを $\mathbf{F}$ とするとこの**閉集合族**は次の3つの性質をもっていることは集合算についての簡単な性質からすぐわかる．

***F*1)** $X, \phi\in\mathbf{F}$

***F*2)** $F_1, \cdots, F_r\in\mathbf{F} \Rightarrow \bigcup_{i=1}^{r} F_i \in\mathbf{F}$

***F*3)** $F_\alpha\in\mathbf{F} \Rightarrow \bigcap_{\alpha} F_\alpha \in\mathbf{F}$

逆に F1)～F3) をみたす $\mathbf{F}$ があれば $\mathbf{O}=\{X-F | F\in\mathbf{F}\}$ は O1)～O3) をみたすから，X に位相を導入するには $\mathbf{O}$ の代りに $\mathbf{F}$ を指定してもよい．

以上のように集合を位相空間としてとらえることは，近傍系を与える，開集合族を与える，閉集合族を与えるという3種の方法があるが，それらはいずれは同じことになる．

さてこの稿での主題である連続性の問題は上のような位相空間ではどのように表わされるかを考えることにしよう．

X, Y を2つの位相空間とし，f を X から Y への写像とし，$x\in X$, $y=f(x)\in Y$ とする．f が連続であるとは，直観的には x の近くの点 x' が x にどんどん近づいてゆくなら $y'=f(x')$ も $y=f(x)$ に近づくということである．だから x に充分近い点ばかりでできている近傍 $U(x)$ は f で写されたとき y の近傍 $V(y)$ に入ってしまう．つまり $f(U(x))\subset V(y)$ となる．しかし X, Y には距離などないからどの近傍なら近いなどと簡単にはいえない．そこでこの事情を裏からみてみよう．

連続でないということは x' が或る種の近づき方で x に近づくときは，$y'=f(x')$ は必ずしも $y=f(x)$ に近づかない．だから y' は y の近くにすべて入ってくるわけではないから，或る近傍 $V(y)$ をとると，どんな x の近傍 $U(x)$ に対しても $f(U(x))\subset V(y)$ が成立しないことになる．上の文章を否定したのが連続の定義となるので写像 f が x で**連続**とは次のようにのべられる．

“y のどんな近傍 $V(y)$ をとっても x のある近傍 $U(x)$ がみつかって $f(U(x))\subset V(y)$ となる”

最初の方でのべたように結局上の $U(x)$ が $V(y)$ に対して近づき方を指示する証拠であって，これが常に呈示できるとき f は x で連続であるということになる．

これは近傍系を使った連続の定義であるが，X, Y が開集合族 $\mathbf{O}_X, \mathbf{O}_Y$ によって位相が定義されている場合にはどうなるかをまず天下りに次のように定義する．

“G を Y の開集合とするとき $f^{-1}(G)$ は常に X の開集合であるならば f は連続であると定義する”

X, Y の位相が近傍系から定義された開集合族によって与えられているときには上の定義が導かれることを示しておこう．

G を Y の開集合，$y\in G$ とすると，開集合の定義から $y\in V(y)\subset G$ となる $V(y)$ が存在する．近傍系による連続の定義から x の近傍 $U(x)$ が存在して $f(U(x))\subset V(y)\subset G$ だから $x\in U(x)\subset f^{-1}(G)$ となり，x は $f^{-1}(G)$ の任意の点でよいから，$f^{-1}(G)$ は X の開集合となる．

これとは逆に連続性を開集合族をもちいて定義すれば近傍系による連続性を導けることも示されるので上の連続性の定義はどちらをもちいてもよいことがわかる．

開集合族による定義によれば，3つの位相空間 X, Y, Z があるとき $f: X \to Y$, $g: Y \to Z$ が連続写像ならば f と g の合成写像 $g \circ f: X \to Z$ の連続性は容易に証明される．

次に実数直線とユークリッド平面の位相の関係に相当する積空間の位相について定義しておく．X, Y を2つの位相空間とし，$X \times Y$ を (x, y) という点の対の集合としこの積集合に位相を導入しよう．X の開集合族を $\mathbf{O}_X$, Y のを $\mathbf{O}_Y$ として $G \in \mathbf{O}_X$, $H \in \mathbf{O}_Y$ に対して $\{G \times H\}$ を $\mathbf{O}_{X \times Y}$ としたら $O\,1) \sim O\,3)$ をみたせばよいのだが，平面の場合にみればわかるように，開円板 $\{(x, y) | x^2 + y^2 < 1\}$ は開集合であるが，開区間の積の形にならない．そこで $\mathbf{O}_{X \times Y} = \{\bigcup_\alpha G_\alpha \times H_\alpha | G_\alpha \in \mathbf{O}_X,\ H_\alpha \in \mathbf{O}_Y\}$ と定義すると $O\,1) \sim O\,3)$ をみたすのでこれを位相空間 X, Y の積空間と呼ぶ．近傍系をもちいてならば $(x, y) \in X \times Y$ の近傍を，x の近傍 U, y の近傍 V とするとき，$U \times V$ として，この近傍系 $\{U \times V\}$ を使えばこれから定義される位相は上の積空間の位相と同じになる．前にのべた実数と平面の場合では $V_{\frac{1}{m}}(P)$ がこれに相当している．

話を微積分の方にもどす前に，少しみなれない位相の例をあげておこう．

R を普通の位相をもった実数，R_0 を同じ実数だが位相は離散位相にとると，$R \times R_0$ は実数の対全体ということでは平面と同じだが位相は異なっている．

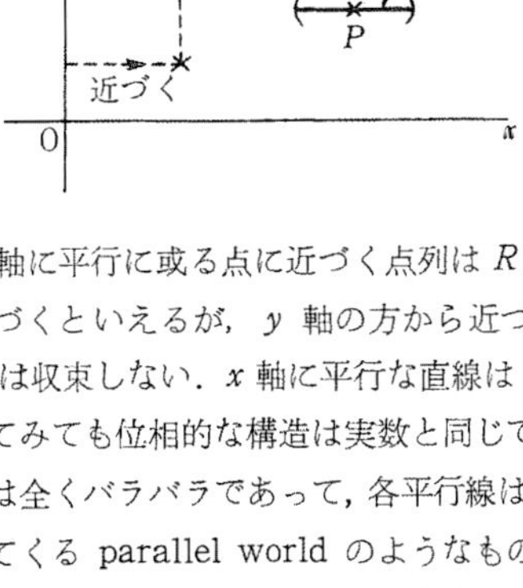

平面で x 軸に平行に或る点に近づく点列は $R \times R_0$ でも同様に近づくといえるが，y 軸の方から近づく点列は $R \times R_0$ では収束しない．x 軸に平行な直線は $R \times R_0$ の部分としてみても位相的な構造は実数と同じであるが平行線同志は全くバラバラであって，各平行線は，よくSFなどでてくる parallel world のようなものである．

実数についても近傍系を $[x, x+\varepsilon)$ ととると，この位相空間では，右側からは普通の実数と同じような収束になるが，左側からは収束が全く異なる．

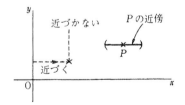

いわば未来には続いているが，過去には断絶している空間で，老人は若者を自分の延長と考えるが，若者は老人を無縁のものと考える状態に似ている．

前に関数の連続性について直観的な説明をしたときのべたグラフに切れ目がないということの重要性にもう一度注目してみよう．実数直線がつながって切れ目がないということと，位相の関係はどうなるだろうか？

いま実数に切れ目を入れる（つまり大きな数のグループと小さな数のグループの2つに分ける）と必ずその切れ目はどこかの実数にぶつかるということである．たとえば有理数の集合ならば $\sqrt{2}$ のところで切ると，どちらのグループもはしの点がない．このときはどちらのグループも開集合になる．実数の場合には両方のグループが共に開集合にはなれない．これを一般化すると或る位相空間 X がつながっていないということは X が2つの互いに交わらない開(閉)集合 A_1, A_2（両方とも空集合でない）に分解されることとしてよい．そこで

“位相空間 X が**連結**とは上のような分解が存在しないことと定義する”

ここでは証明しないが実数とか，その開区間，閉区間等はいずれも連結であって，この事が中間値の定理の基礎になっている．

中間値の定理　$y = f(x)$ を $[a, b]$ で連続な関数として $f(a) < f(b)$ ならば $f(a) < d < f(b)$ となる任意の d に対して $f(c) = d$ となる c が a, b の間に少なくとも1つ存在する．

証明は $X = [a, b]$ とし，$A_1 = (-\infty, d]$, $A_2 = [d, +\infty)$ とすると，A_1, A_2 はともに閉集合．$B_1 = f^{-1}(A_1)$, $B_2 = f^{-1}(A_2)$ とすれば，f の連続性から B_1, B_2 は閉集合で $a \in B_1$, $b \in B_2$ より空集合ではないし，$X = B_1 \cup B_2$ となる．もし $f(c) = d$ となる c が存在しなければ $B_1 \cap B_2 = \phi$ となるから，これは X が連結ということに矛盾する．

中間値の定理は連結の概念によって更に一般化される．たとえば

(x, y) 平面は x-軸によってそれぞれ連結な2部分に分割され，一方から他方の点を結ぶ連続曲線は必ず x-軸と交点をもつ．

平面上の線分の集りが閉じた折れ線をなしていれば，平面はこの線によってそれぞれ連結な2部分に分割され，一方の点と他方の点を結ぶ連続曲線は必ずその折れ線と交点をもつ．

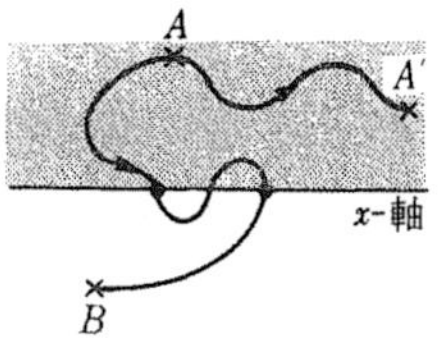

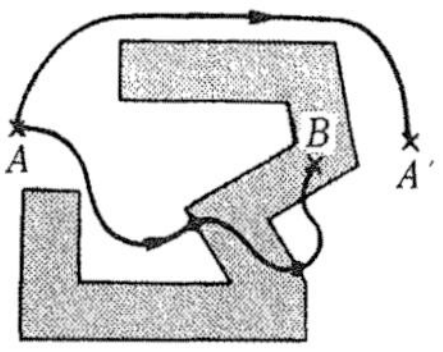

上のような性質は折れ線がさらに曲線に変っても成りたつ性質で，距離などに無関係な事柄で実数の連結性という位相的性質にもとづいている．実はつながっているという概念には，もっと実数の連続性に密着した，弧状連結というものがある．

“X を位相空間とし $P, Q \in X$ を任意の２点とすると $I=[0,1]$ から X への連続写像 f で $f(0)=P, f(1)=Q$ となるものが存在するとき**弧状連結**という”

前の平面の２分定理では，２分されたそれぞれは上の弧状連結になっている．実は弧状連結ならば前の意味で連結であるが，逆は次のような例によって否定される．

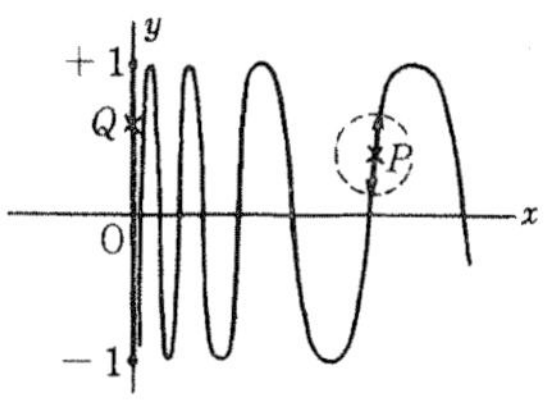

上図で $y=\sin\frac{1}{x}$，$x>0$ のグラフと y 軸で $|y|\leqq 1$ の点全体の集合を X とし，X の点 P の近傍はユークリッド平面での ε-近傍と X の共通集合とする．X は前の意味では連結になるが，P と Q を連続曲線ではつなげないから，弧状連結ではない．

次に平均値の定理の位相的背景についてみてみよう．

平均値の定理　$y=f(x)$ は $[a,b]$ で連続で (a,b) で微分可能ならば

$$\frac{f(b)-f(a)}{b-a}=f'(c)$$

となる，$a<c<b$, c が少なくとも１つ存在する．

この定理はロールの定理の一般化である．

ロールの定理　$y=f(x)$ は $[a,b]$ で連続で (a,b) で微分可能で $f(a)=f(b)$ ならば，$a<c<b$ で $f'(c)=0$ となる c が少なくとも１つ存在する．

ロールの定理をよくながめてみると微分可能性は，もしその関数が極値をもつときに，その点を $f'(c)=0$ として表わすために必要なのだという事がわかる．だからこの定理の基礎は次のような連続性を元にした定理によることがわかる．

最大最小値の定理　$y=f(x)$ が $[a, b]$ で連続で $f(a)=f(b)$ ならば (a, b) の少なくとも1点 c で最大値又は最小値をとる．

最大最小値の存在のためにはまず $f(x)$ の $[a, b]$ でとる値が，ある有界な範囲に入ることを示す．いま $\varepsilon>0$ を1つ指定すると $[a, b]$ の任意の x に対して連続性から $\delta>0$ が存在して $f(U_\delta(x))\subset U_\varepsilon(f(x))$ となる．むろん δ は x によって変化するけれども，$[a, b]$ のすべての点 x に対して1つずつ x を含む開区間 $U_\delta(x)$ がきまって，開集合族 $\{U_\delta(x)\}$ ができる．もしこの全部の和集合をとると当然 $[a, b]$ 全体を覆う．所が“有界閉区間を覆う開集合(区間)族は実は有限個だけで覆うことができる”　もし r 個で覆えるならそれを $\{U_{\delta_i}(x_i)|i=1, \cdots, r\}$ とすると，$\{U_{\varepsilon_i}(f(x_i))\}$ は $f([a, b])$ 全体を覆っているから，この巾は高々 $2\varepsilon r$ となって f は $[a, b]$ で有界となる．ところで上の説明で大切なのは連続性の外に有界閉区間に関する“　”の部分である．つぎに $f([a, b])$ は，前の中間値の定理を参考にして考えると，飛び飛びの集合にはならずに，区間の形になっていることがわかる．そこでもし最大，最小値がないということはこれが開区間になっていることになる．実は“　”の部分は逆も成立つことがしられているから $f([a, b])$ を覆う開区間族が有限個でまに合うことが示されれば f に最大値があることもわかる．それは $\{V(y)\}$ を $f([a, b])$ を覆う任意の開区間族とすると，$f^{-1}(V(y))$ は開集合の逆像で f が連続なら開集合となるから $\{f^{-1}(V(y))\}$ は $[a, b]$ を覆う開集合族であるから有限個で $[a, b]$ が覆える．故に $\{V(y)\}$ も有限個だけで $f([a, b])$ を覆うことができる．

この実数の有界閉集合を特徴づける，開集合族に関する一般的な性質を考えてみよう．

もし位相空間 X の部分集合 A があって $\{U_\alpha\}$ を X の開部分集合族で $\bigcup_\alpha U_\alpha\supset A$ となるとき，$\{U_\alpha\}$ を A の**開被覆**と呼ぶ．

“位相空間 X の部分集合 A のどんな開被覆 $\{U_\alpha\}$ に対しても，そのうちの有限個だけで A を覆うことができるとき，A を**コンパクト**と呼ぶ．”

このような概念を入れると前にもちいた事実は次のような定理となる．

“実数空間の部分集合が有界閉集合となることとコンパクトになることは同値である．”

証明はしないが，ここで有界，閉集合のどちらが欠けても上の定理は成り立たないことは次の例をみれば容易にわかる．

$U_n=(n-1, n+1)$，n をすべての整数，とすると $\{U_n\}$ は実数全体を覆っているが，これは有限個にすれば実数全体を覆うことは絶対できない．

次に有界でも $(0,1)$ のように閉集合でないときは，$V_m=\left(\dfrac{1}{m+2}, \dfrac{1}{m}\right)$，$m\geqq 1$ の整数，とするとこれも $(0, 1)$ の開被覆であって，有限個ではやはり覆うことはできない．

いままで位相空間の一般論と微積分の定理との関連性などについて簡単な解説をしてきたわけだが，位相というのは一口にいって集合の点につながりを与えるものである．実数の場合にこのつながりの性質が，微積分の基本的な定理の中ではたしている役割りを少しでもわかってもらえればと思っている．さらにこのような性質をぬきだして，それを一般化して多くの現象を統一的に扱うことにも興味をもたれればと考えている．

（さいとう　よしひろ　奈良女子大）

極 限 と 連 続

池 田 信 行

最近は数学が常識化したのか，数学に興味を持っていても，それほど特別視されなくなっている．それどころか，昔は考えも出来なかったような厚い層の人が多くの機会に数学的な考えや事実に接するようになって来ている．そんなになっても，いわゆる ε-δ 論法は普通の人には嫌がられているようで，出来るものなら避けて通りたいという気持を持たせるものらしい．つまらないことを難しく議論する代表的な例みたいに言われがちである．それなのにわれわれがそれを捨てさることが出来ないのはどうしてであろうか．もちろん数学にとっては正確さや厳密さは欠くことの出来ないものである．そして解析の多くの事実は極限や連続の概念を土台にして構成されている．だから出発点のそれらの概念をしっかりと論理的に定めておかないと砂の上に建てた家の如く，体系そのものがくずれ去る危険をふくんでいる．しかしわれわれはそれだけの目的でこれにこだわっているのではない．実はこの概念を論理的につかむことによって，それらを基礎にしたものが豊かになり，思いもよらぬような数学における建物を見つけたり出来るためなのである．

ε-δ 論法は通常は微積分の話の最初に出て来る．極限のような変化の状態について，量的な評価を用いてより静的なとらえ方をして論理化を試みるものである．このような方法は 19 世紀に確立されたが，極限や連続を論理的にきちんとするためならば，必ずしも ε-δ 方式を用いなくても，近傍系を用いた位相の概念があればよい．これらの事情についてはたとえば 遠山啓：無限と連続に平易な説明がある．また本誌にも 1968 年 10 月号に竹之内氏の話が出ている．どちらの方法をとるにしろ，このように出来るだけ底にひそむ概念をうきぼりにすることにより，その考えそのものが応用を生み数学者以外の人にとっても重要になる．

一方解析の対象になる場には実際位相より具体的な構造が考えられており，距離みたいな量が考えられることが多い．そのような場合にはその構造を直接使うことが重要になり，極限や連続も ε-δ 式に論ずることの固有の意味が出て来る．

ここでは微積分に題材を求めて，ε-δ 式で論じられていることの意味を中心に話を進める．その中で具体的に問題が進むにつれ概念がどのように成長して行くかも見る．そして最後に ε-δ 式の推論の中にひそむ技術的な面の鍵について 1, 2 の例を用いた注意を与える．なおここに論じることのより一般な立場からの話，例えば関数列のことや位相を中心にした話は別の稿で予定されているので ε-δ 論法の話に必要な限度以上にはふれない．

1. 極限について

もう少し具体的に問題を考えてみよう．数列 $\{a_n\}$ があるとき，

(1) $$\lim_n a_n = a$$

は“n が**限りなく大きくなれば** a_n は a に**限りなく近づく**”と理解される．この言い方で $a_n = \sin\frac{\pi}{2}n$ の場合に考えてみると，下の図の黒丸の点列のように変化して

行く．この数列は図からみて収束しないと考える方が適当と思われるが，上の言い方だと必ずしもその事情が明白であるとも言い難い．実際どんな大きな n に対しても $a_n=1$ となるものが沢山ある．そこで (1) の意味を“n を**十分大きくさえ**すれば，a_n は a に**いくらでも**近づく”と言えば上の例が収束しないことはもう少しはっきりして来る．この言い方を定量的にすれば

“ある番号があって，それより大きい番号では常に a_n と a は事前に与えられた以下の近さになる”

と表現される．これは変化の状態をとめた形で論理化している．同じことだが慣習的な言い方にすれば，

(2) “任意の $\varepsilon>0$ に対して，番号 n_0 が存在して $n \geqq n_0$ ならば $|a_n-a|<\varepsilon$”

なる表現になる．通常これをもって (1) の定義とする．そして記号的には，

(2)′ $\forall\varepsilon>0,\ \exists n_0 : n \geqq n_0 \Rightarrow |a_n-a|<\varepsilon$

と書く．ここで ∀ は任意ということを表わす記号で，∃：は：以下の性質をみたすものが存在するという記号である． なお (2) または (2)′ の n_0 は ε に関係し得ることは言うまでもない．その意味で $n_0(\varepsilon)$ と書くこともある．

全く同じことだが発散の場合，たとえば

(3) $\lim\limits_{n} a_n=\infty$

は，

(4) $\forall b>0,\ \exists n_0 : n \geqq n_0 \Rightarrow a_n \geqq b$

として定義する．(2) ((2)′), (4) はそれぞれ a または ∞ に**近い**ということの表現形式になっている．

2. 連続性について

数列は，

$$f : n \longmapsto a_n$$

なる関数であるが，それと類似に関数

$$f : \boldsymbol{R} \ni x \longmapsto f(x) \in \boldsymbol{R}^1$$

についても同種類のことが問題になる．f が x_0 において連続ということ，すなわち

$$\lim_{x \to x_0} f(x)=f(x_0)$$

は，“x が x_0 に**十分近くなれ**ば $f(x)$ は $f(x_0)$ に**いくらでも**近づく”こととして定義される．数列の時と同じ種類の記号で書けば

(5) $\forall\varepsilon>0,\ \exists\delta>0 : |x-x_0| \leqq \delta \Rightarrow |f(x)-f(x_0)|<\varepsilon$

となる．これは，

“任意に $\varepsilon>0$ をとって来ると，δ という正の数が定まり，x と x_0 が δ 以下の近さにあれば $f(x)$ と $f(x_0)$ は ε 以下の近さにある”

と言い換えることが出来る．

(2) や (5) の論法は“**ε-δ 論法**”と呼ばれるものの最も簡単な適用である．名前の由来はどうでも良いことだが，おそらく (5) のような場合に ε と δ が記号として通常使われていることによるのだろう．しかし ε と δ が出て来なくても (2) や (4) の場合もこめて同じ呼び方をするのが普通である．それらに共通していることは“近さ”に関連することを不等式を用いて定量的に決める点である．少なくとも微積分を扱う限りでは ε-δ 論法それ自身を定義すべき対象と考えることはない．その意味ではある種の論法についての俗称である．しかし数学に少しなじんだ人ならばその用語を聞くと一定の内容を持った映像をえがくことの出来るものである．

3. もう少し広げられるか？

これまでのことをふりかえってみると

(6) $f : E \longrightarrow F$

なる関数があり，E と F にそれぞれ“近い”という概念が実数の性質に関連して附与されている．このことは関数のときは明らかで，“x_0 より ε 以下に近い”ということが $U_\varepsilon(x_0)=\{x\,;\ |x-x_0|<\varepsilon,\ x \in E\}$ に属することとして決められている．数列のときも，自然数全体または実数全体に ∞ をつけ加えて，$U_\varepsilon(x_0)$ に相当するものとして，

$$U_b=\{x\,;\ x \geqq b\}$$

を考えれば，たとえば発散することは ∞ に近いことと考え，充分大きな b をとって来ても U_b に属することだと考えることが出来る．こうすれば数列のときも $f(n)=a_n$ で決まる関数 f について，$\lim\limits_{n} f(n)=f(\infty)$ と言えるので，数列の収束，発散の問題と関数の連続性は同じ種類のことになる．

連続性はもっと広いところで考えられるが，まず第一段階として解析で良く出て来る (6) の E が $\boldsymbol{R}^n$ の場合を考えてみよう．$\boldsymbol{R}^1$ の時はその中の一点を指定すれば，そこへは右からか左から近づくより方法はなかった．ところが $\boldsymbol{R}^n$ の時は桁違いに多くの近づき方がある．何んの障害もない平野の真中ならばどちらからでも近づけるが，けわしい山頂へはいくつかの方向からしか近づけないかもしれない．それらに応じて連続性の問題も複雑な様相を呈する．たとえば，

$$: \boldsymbol{R}^2 \longrightarrow \boldsymbol{R}^1,\ f(x)=\begin{cases} 0, & x \equiv (x_1, x_2)=0, \\ \dfrac{x_1x_2}{|x_1|^3+|x_2|^3}, & x \equiv (x_1, x_2) \neq 0, \end{cases}$$

を考えてみよう． x を x-軸上のみから 0 に近づけるときは f を x 軸に制限した $f_1(a)=f(a,0)$ なる関数 $f_1 : \boldsymbol{R}^1 \to \boldsymbol{R}^1$ が問題になり，y-軸上のみから 0 に近づけると $f_2(a)=f(0,a)$ なる関数 $f_2 : \boldsymbol{R}^1 \to \boldsymbol{R}^1$ が問題になるが，共に $f_1=f_2\equiv 0$ で連続関数である．ところが $0<\lambda<\infty$ を考えて， $E_\lambda{}^*=\{x\,;\ x=(a, \lambda a) \in \boldsymbol{R}^2\}$ とすればその上に f を制限した関数 $f_\lambda : \boldsymbol{R}^1 \to \boldsymbol{R}^1$ が考えられる．定義から $f_\lambda(0)=0$ であるが， $a \neq 0$ ならば $f_\lambda(a)=\dfrac{\lambda}{1+|\lambda|^3}\dfrac{1}{|a|}$ となるのでこれは 0 の所で連続でない．す

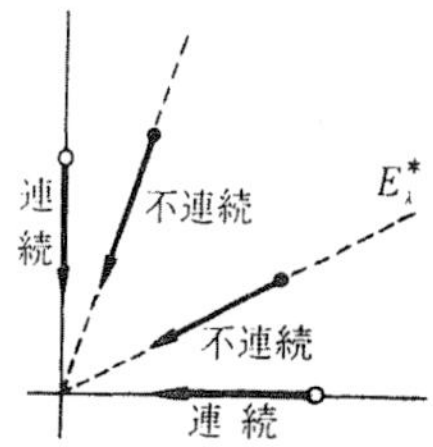

なわち近づく方向によって連続になったり連続でなかったりする．このような関数fは連続関数の仲間に入れるのは不適当だとするのが妥当であろう．そうだとすれば$\boldsymbol{R}^2$上の関数が連続というときは，"どんな方向から近づいても"が必要なこととして出て来るが，それでは曲りくねって近づいたらという疑問が出るので，"どんな近づき方をしても"を考えるべきだろう．ところが$\boldsymbol{R}^2$では座標を通じて実数の性質が反映しているので，上のことを論理化すると，fが$x^0=(x_1{}^0, x_2{}^0)$で連続であるとは

$$\forall\varepsilon>0,\ \exists\delta_1, \delta_2>0:$$
$$|x_1-x_1{}^0|\leqq\delta_1,\ |x_2-x_2{}^0|\leqq\delta_2 \Rightarrow$$
$$|f(x_1, x_2)-f(x_1{}^0, x_2{}^0)|<\varepsilon$$

をもって定義出来る．もう少し$\boldsymbol{R}^1$の時と形式を揃えることにするには，$\boldsymbol{R}^n$の中の2点$x=(x_1, \cdots, x_n)$，$y=(y_1, \cdots, y_n)$の間に近さをはかるつぎのような関数ρをもって来るとよい．

$$\rho : \boldsymbol{R}^n\times\boldsymbol{R}^n \longrightarrow \boldsymbol{R}^1$$

(7) $$\rho(x, y)=\sqrt{\sum_{i=1}^{n}(x_i-y_i)^2}\ .$$

これを用いると，x^0よりε以下に近いことは

$$U_\varepsilon(x^0)=\{x\,;\ \rho(x, x^0)<\varepsilon,\ \ x\in\boldsymbol{R}^n\}$$

に属することだと言える．したがって，"fがx^0で連続"ということを

$$\forall\varepsilon>0,\ \exists\delta>0:U_\delta(x^0)\ni x \Rightarrow |f(x)-f(x_0)|<\varepsilon$$

をもって定義出来る．ところで(7)のρは

1) $\rho\geqq 0$
2) $x=y$ の時に限り $\rho(x, y)=0$
3) $\rho(x, y)=\rho(y, x)$
4) $\rho(x, y)+\rho(y, z)\geqq\rho(x, z)$

をみたしている．$\boldsymbol{R}^n\times\boldsymbol{R}^n\to\boldsymbol{R}^1$で上の4つの性質をみたすものは他にもある．たとえば

(8) $$\rho(x, y)=\max_{1\leqq i\leqq n}|x_i-y_i|$$

もそのようなものの1つである．一般に集合Eがあり，それに関して関数$\rho:E\times E\to\boldsymbol{R}^1$が1)～4)をみたすとき，$E$と$\rho$を併せて考え距離空間$(E, \rho)$という．この用語を用いれば，距離空間では$\boldsymbol{R}^1$の時と全く同じ形式で関数の連続性が論じられる．このようにしておくと，当初に考えられるものよりはるかに広いところで同じ思考が有効なことがわかる．たとえばよくあげられる例であるが，Eとして$f:[0,1]\to\boldsymbol{R}^1$なるすべての連続関数の集り$\boldsymbol{C}([0, 1])$を考えてみよう．そうすると$\boldsymbol{C}([0, 1])$の2つの元$f$と$g$，すなわち$[0,1]$上に定義された2つの連続関数の間につぎのような量を考える．

(9) $$\rho(f, g)=\max_{0\leqq x\leqq 1}|f(x)-g(x)|.$$

このような量が定まることはfとgが$[0,1]$で連続であるので$|f(x)-g(x)|$も$[0,1]$上の連続関数になることからわかる．というのは閉区間$[0,1]$上の連続関数は最大，最小を$[0,1]$上の点でとり有界であるという事実に基づく．(この事実については，たとえば高木貞治：解析概論 参照)．こうして決まったρはまた先にのべた(1)～(4)の条件をみたしている．そこでこのような$\boldsymbol{C}([0, 1])$上で関数，たとえば

$$F[f]=\int_0^1 f(x)dx, \qquad f\in\boldsymbol{C}([0, 1])$$

を考えてみよう．このときもし$\rho(f, g)\leqq\varepsilon$ならば，

$$|F[f]-F[g]|\leqq\int_0^1|f(x)-g(x)|dx$$
$$\leqq\int_0^1\max_{0\leqq x\leqq 1}|f(x)-g(x)|dx\leqq\varepsilon$$

となり，連続の話が出来ることがわかる．

4. どこまで考えるのか？

3でのべたことで1つ気になるのは$\boldsymbol{R}^n$の時，2つのρを考えたが，関数が一方では連続になり，他方では不連続になるようなことはおきないかということである．実際はそんな心配は必要ないことはつぎの不等式の関係による．

$$\sqrt{\sum_{i=1}^{n}|x_i-y_i|^2}\geqq\max_{1\leqq k\leqq n}|x_k-y_k|\geqq\frac{1}{\sqrt{n}}\sqrt{\sum_{i=1}^{n}|x_i-y_i|^2}.$$

いま

$$U_\varepsilon{}^{(1)}(x^0)=\{x\,;\ \rho_1(x, x^0)<\varepsilon,\ \ x\in\boldsymbol{R}^n\},$$
$$\rho_1(x, x^0)=\sqrt{\sum_{i=1}^{n}|x_i-x_i{}^0|^2}\ ,$$
$$U_\varepsilon{}^{(2)}(x^0)=\{x\,;\ \rho_2(x, x^0)<\varepsilon,\ \ x\in\boldsymbol{R}^n\},$$
$$\rho_2(x, x^0)=\max_{1\leqq k\leqq n}|x_k-x_k{}^0|$$

とおけば上の不等式より

(10) $$U_\varepsilon{}^{(1)}(x^0)\supset U_\varepsilon{}^{(2)}(x^0)\supset U_{\varepsilon/\sqrt{n}}{}^{(1)}(x^0)$$

が言える．ところで$f:\boldsymbol{R}^n\to\boldsymbol{R}^1$が$x^0$で連続ということをもう1回思い起こすと

(11)　$\forall\varepsilon>0,\ \exists\delta>0$：

$$x\in U_{\delta}^{(1)}(x^0)\ \Rightarrow\ |f(x)-f(x^0)|<\varepsilon$$

または

(12)　$\forall\varepsilon>0,\ \exists\delta>0$：

$$x\in U_{\delta}^{(2)}(x^0)\ \Rightarrow\ |f(x)-f(x^0)|<\varepsilon$$

ということである．(11) または (12) で δ のとり方は**具体的には指定されておらず，単に正のものの存在**を主張しているだけである． この点に着目し (10) の関係を使えば f が連続であるかは ρ_1 でみても ρ_2 でみても同じだということが容易に示される．

またこれまで関数の値域は $\boldsymbol{R}^1$ に限って来たが，その必要もないことはこれまでの議論からわかるだろう．たとえば円を上下から自然におしつぶして行って楕円に変えた場合を考えてみよう．円の上の1点は楕円の上の1点になるし，また楕円の上の1点は円の上の唯1点から来ているように出来るだろう．このとき上の円の点と楕円の点の対応を与えるような関数（写像）はどんなものかをみるときはもはや関数の値は実数でなく $\boldsymbol{R}^2$ の点である．

ここまで来て，反省するとき，遠い近いをあらわすのに本当に“δ 以下に近い”というような言い方をする必要についての疑問が出て来る．連続性の話をしている限りその必要はないというのが結論である．そのためにはまさにこの特集の主題である“位相”の概念を準備すればよい． ここらの考え方の転換については 遠山啓：無限と連続 にわかりやすい説明がある． そこでそのような立場にたってこそ内容が深く理解出来るという考えが出て来る．事実，最近は微積分の初歩的な本ですらその立場に立って， まず位相の話として， 近傍の概念を確立し，それを基礎に連続性を論じ，その具体的な表現として ε-δ 式の量的取扱いに進むものも出て来ている．たとえば 山崎圭次郎著：解析学概論 I（共立数学講座）などはその例であると言ってよいだろう．位相の概念はたとえばこれまで $U_\varepsilon(x)$ の記号で書いて来たような集合の集まりで近傍系と呼ばれるものを基礎にしたものだが，ここでは別の稿で位相については詳しく論じられるであろうからこれ以上立入らない．ただ数学としての構造とは一応離れて学習する際の便宜の立場もあることを注意しておきたい．位相そのものの定義をのべたりすることも，またそれを記憶することもそれほど困難とは思わない．しかし個々の人間が連続についての具体像を自己の頭の中に確立するのにどの経路を通った学習が良いかはまた別問題である．実際，より一般な抽象概念をあきらめと繰返しにより体得し具体的な構造に進む方が適した人もおれば，その逆の場合もまた多い．ただわれわれは最初にのべたようにどちらにしろそこにとどまらず先へ進まねばならない．

5.　一様連続について

(11) 式と (12) 式の説明の時，近さを表わす δ の決まり方は指定せず，その存在のみを主張することを注意した．ところがさらに先に進むとその決まり方が重要になる問題が多く出て来る．その種の問題をみるために2つの関数を考えよう．

$$f_1:\ ]0,\pi[\ \longrightarrow\ \boldsymbol{R}^1,\quad x\longmapsto\sin x \qquad f_2:\ ]0,1[\ \longrightarrow\ \boldsymbol{R}^1,\quad x\longmapsto\frac{1}{x}$$

この関数のグラフを書いてみると

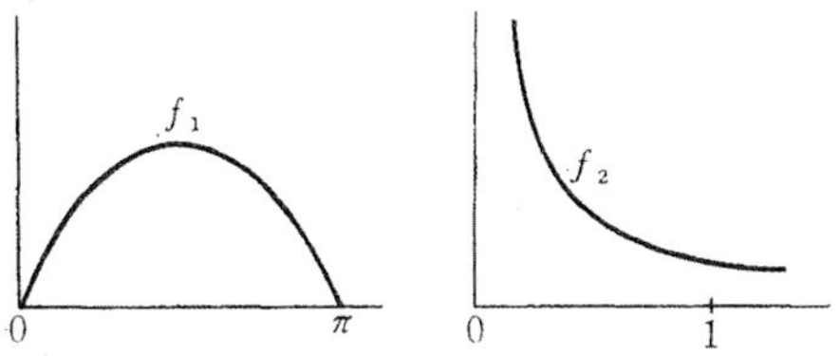

となり0の近くで非常に違った様相をしている．その点を連続性に着目して考えてみよう．まず f_1 については，

$$|f_1(x)-f_1(y)|\leqq|x-y|$$

が成りたつ．したがって，

$x_0\in\ ]0,\pi[$ を任意に1つとって来ると，

(13)　$\forall\varepsilon>0,\ \exists\delta\equiv\delta(\varepsilon,x_0)=\varepsilon$：

$$|x-x_0|<\delta\ \Rightarrow\ |f_1(x)-f_1(x_0)|<\varepsilon$$

一方 f_2 については，

$$\frac{1}{|x\vee y|^2}|x-y|\leqq|f_2(x)-f_2(y)|\leqq\frac{1}{|x\wedge y|^2}|x-y|$$

が成りたつ．ここで

$$x\wedge y=\begin{cases}x, & x\leqq y,\\ y, & x>y,\end{cases}\qquad x\vee y=\begin{cases}x, & x\geqq y,\\ y, & x<y,\end{cases}$$

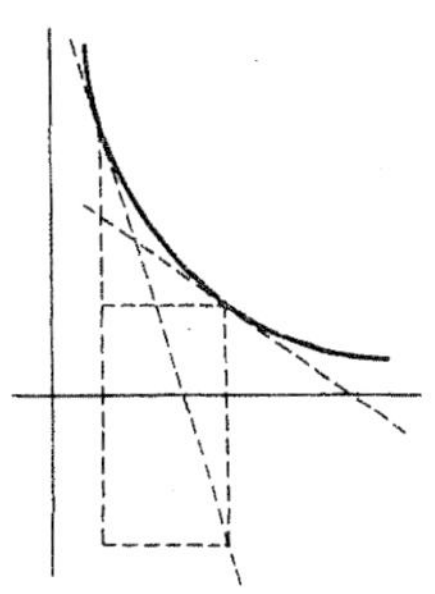

である．このことは上図をみれば容易にわかる．したがって，$x_0\in\ ]0,1[$ を任意に1つとって来ると，

(14)　$1>\forall\varepsilon>0,\ \exists\delta\equiv\delta(\varepsilon,\ x_0)=\varepsilon x_0^2>0$:

$$x<x_0-\delta \Rightarrow |f_2(x)-f_2(x_0)|>\varepsilon$$

一方

(15)　$1>\forall\varepsilon>0,\ \exists\delta\equiv\delta(\varepsilon,\ x_0)=\dfrac{\varepsilon x_0}{2}>0$:

$$|x_0-x|<\delta \Rightarrow |f_2(x)-f_2(x_0)|<2\varepsilon$$

となるが，この(15)のδのとり方は結論が成り立つためにはほぼ限度に近い大きさになっていることが(14)よりわかる．

(13)と(15)のδは形式的にはともにx_0に関係するが，(13)の場合は実際は関係しない．(15)の場合はx_0に関係してとらざるを得ないことを(14)が示している．この2つの例を参考に$\boldsymbol{R}^1$の中の区間Iで関数fが連続ということをふりかえってみると，つぎのようになる．

各$x\in I$に対して，命題P_xを

$$P_x : \forall\varepsilon>0,\ \exists\delta>0 : |x-x'|<\delta \Rightarrow |f(x)-f(x')|<\varepsilon$$

とすれば，

(16)　"$f : I$ で連続" $\Longleftrightarrow$ $\{P_x ;\ x\in I\}$

となる．(16)の右辺は命題P_xの集まりで，$x\neq x'$ならばP_xと$P_{x'}$の間には何等の相互関係も要求されていない．ところが上にのべたf_1とf_2の例で問題になることはその相互関係である．そこでf_1とf_2を区別するものは，P_xを個々ばらばらにとらえるのではなく，その相互関係についての条件になるが，実際はεを与えたときにδのきまり方に制限をおいたつぎの概念である：

"$f : I$ で一様連続" $\Longleftrightarrow$

$\forall\varepsilon>0,\ \exists\delta(\varepsilon)>0$:

$$\forall x, y\in I,\ |x-y|<\delta(\varepsilon) \Rightarrow |f(x)-f(y)|<\varepsilon.$$

すなわち各命題P_xで**δの定め方がxに無関係にとれる**ということで，その意味で一様の用語が用いられる．

一様連続性は非常に多くの所で重要な役割を果たしている．この概念と関数の定義域の性質の関連も重要である．$]0,\pi[$での連続関数は必ずしも一様連続でないことは上の関数f_2の例からわかる．ところが$[0,\pi]$の連続関数は一様連続にもなる．このことの証明はここではのべないが，関数の定義域が"コンパクト"と呼ばれる性質に関係している．

6. リプシツ連続

さらに一様連続というだけでも不充分で，もう少し具体的な量的評価の出来る連続性を考える必要が解析ではしばしばおこる．たとえば運動の方程式

(17)　$\dfrac{df(x)}{dx}=F[f(x)],\qquad f(0)=c,$

を解いて，x時間後の位置を求める問題を考えてみよう．そのためには積分方程式

(18)　$f(x)=c+\displaystyle\int_0^x F[f(y)]dy$

を考えるのと本質的には同じである．そこで(18)を考えて，それがどんなときに唯1つの解を持つかという問題に対しては，無条件では解が唯1つではないことは簡単な例で示すことが出来る．たとえば(18)で$c=0$として，

$$F : \boldsymbol{R}^1 \longrightarrow \boldsymbol{R}^1,\qquad F(x)=x^\alpha,\quad 0<\alpha<1,$$

とする．そうすると，$f\equiv 0$も確かに1つの解であるが，

$$f(x)=(1-\alpha)^{\frac{1}{1-\alpha}}x^{\frac{1}{1-\alpha}}$$

もまた解になり，その間にはさまれる無数の解がある．

反対に，もしFに関して，

(19)　$\exists K>0 : |F(x)-F(y)|\leqq K|x-y|$

がみたされておれば上のようなことは決しておきず，解は唯一つ決まる．もし2つ解f_1とf_2があるとすれば

$$f_1(x)-f_2(x)=\int_0^x \{F[f_1(y)]-F[f_2(y)]\}dy$$

が成りたつ．そこで(19)を使うと，

(20)　$|f_1(x)-f_2(x)|\leqq K\displaystyle\int_0^x |f_1(y)-f_2(y)|dy,$

$$f_1(0)-f_2(0)=0 \qquad\qquad x\geqq 0$$

が得られる．逐次代入することにより，ある実数Mがあり，任意の正整数nに対して

$$|f_1(x)-f_2(x)|\leqq M\frac{T^n}{n!},\qquad 0\leqq x\leqq T,$$

となるので，$n\to\infty$とすれば$f_1\equiv f_2$となる．

$F(x)=x^\alpha$は明らかに(19)の条件がこわれている．この問題以外にも(19)の性質はいろいろの所で役に立つので，特に名前がつけられていて"リプシツ係数Kの**リプシツ連続**"と呼ばれる．

単に近いことを表わす位相的性質にもとづく連続から，次第に量的側面を増して一様連続，リプシツ連続と進んで来た．それに応じて多様な解析の問題が考えられる．

7. どんな訓練が必要か？

これまでε-δ式の論法が極限や連続性とどんなにからみ，どんな意味を持つかに重点をおいて来たが，それが出来上ったものの説明にとどまらず建設的なものであることを知るには，自由な運用が出来なくてはならない．とかくε-δ論法はそれを上手に使うことが強調され目的化しているような印象を与えるのは困ったことだが，それだからと言ってもそのことを忘れ去ることも出来ないので，2,3の例を用いてどんな点が技術的に大切かをみてみよう．ε-δ論法でとまどう点は"あちらたてればこちらたたず，こちらたてればあちらたたず"という種類

のことである．そのことを具体的にみるために，[0,1] 上の連続関数全体の空間 $\boldsymbol{C}([0,1])$ に属する列 $\{f_n\}$ があり，[0,1] 上の関数 f に対して

$$(21)\qquad \lim_{n\to\infty}\max_{0\leqq x\leqq 1}|f_n(x)-f(x)|=0$$

が成り立つ場合を考えよう．この種の問題は別の稿で詳しく論じられると思うので，ここでは ε-δ 式の論法の練習のために f が連続になることの証明を見てみよう．筋は f の充分近くに f_n があり，$f_n(x)$ の近くに $f_n(y)$ が来るために x と y を充分近くすればよいから，x と y を充分近くとれば $f(x)$ と $f(y)$ はいくらでも近くなるということである．そこでいくつかの項にわけられる時，各項の評価をすれば全体はその和で評価される不等式の関係を使えばよい．ところがその時 n を大きくとることと x と y を近づける兼ね合いがうまく行くかどうかが問題である．それがうまく工夫出来なければあちらたてればこちらたたずということになる．具体的にはつぎのようにすればよい．まず

$$|f(x)-f(y)|$$
$$\leqq|f(x)-f_n(x)|+|f_n(x)-f_n(y)|+|f_n(y)-f(y)|$$

である．(21) より，

$$(22)\qquad \forall\varepsilon>0,\ \exists n_0:$$
$$\forall n\geqq n_0\Rightarrow|f(x)-f_n(x)|<\frac{\varepsilon}{3},\ \forall x\in[0,1]$$

である．一方上のような n_0 を固定して，上に与えた ε に対して，x を1つとめると，

$$(23)\qquad \exists\delta>0:|x-y|<\delta\Rightarrow|f_{n_0}(x)-f_{n_0}(y)|<\frac{\varepsilon}{3}$$

である．以上併せて $\varepsilon>0$ を任意に与えた時に，n_0 と $\delta>0$ が存在して，

$$|x-y|\leqq\delta\Rightarrow|f(x)-f(y)|\leqq|f(x)-f_{n_0}(x)|$$
$$+|f_{n_0}(x)-f_{n_0}(y)|+|f_{n_0}(y)-f(y)|$$
$$\leqq\frac{\varepsilon}{3}+\frac{\varepsilon}{3}+\frac{\varepsilon}{3}=\varepsilon$$

となり f が連続になることが示される．この方法の鍵は (22) のような n_0 を1つ固定して (23) を考える点にある．なお (21) のかわりに

$$(24)\qquad \lim_n f_n(x)=f(x),\qquad \forall x\in[0,1],$$

を仮定したのは上の結論は必ずしも成り立たない．そのためには

$$f_n:[0,1]\longrightarrow\boldsymbol{R}^1,\qquad f_n(x)=(1-x)^n$$

なる関数列 $\{f_n\}$ を考えればよい．(24) だけでは (22) が一般には成立しないのであちらたてればこちらたたずということになる．

もう1つの例を考えてみよう．[0,1] 上の連続関数 f は，(9) の近さの意味で多項式によっていくらでも近づけることができる．それはワイヤストラスの近似定理の最も簡単な場合である．この定理のベルンシタインによる証明をみてみよう（たとえば 高木貞治：解析概論 参照）．具体的に言えば，

$$\varphi_\nu=\binom{n}{\nu}x^\nu(1-x)^{n-\nu},\qquad f_n(x)=\sum_{\nu=0}^{n}f\left(\frac{\nu}{n}\right)\varphi_\nu(x)$$

とおけば (9) で定義される ρ に対して，

$$\lim_{n\to\infty}\rho(f,f_n)=0$$

が言える．まず

$$\sum_{\nu=0}^{n}\varphi_\nu(x)=1,\qquad \sum_{\nu=0}^{n}\nu\varphi_\nu(x)=nx,$$
$$\sum_{\nu=0}^{n}\nu(\nu-1)\varphi_\nu(x)=n(n-1)x^2$$

に注意する．任意の $\delta>0$ に対して

$$(25)\qquad |f(x)-f_n(x)|\leqq\sum_{\left|\frac{\nu}{n}-x\right|\leqq\delta}\left|f\left(\frac{\nu}{n}\right)-f(x)\right|\varphi_\nu(x)$$
$$+\sum_{\left|\frac{\nu}{n}-x\right|>\delta}\left|f\left(\frac{\nu}{n}\right)-f(x)\right|\varphi_\nu(x)$$

である．f は閉区間 [0,1] 上の連続関数であるので先にのべたように一様連続であるから，

$$(26)\qquad \forall\varepsilon>0,\ \exists\delta>0:$$
$$\left|\frac{\nu}{n}-x\right|\leqq\delta\Rightarrow\left|f\left(\frac{\nu}{n}\right)-f(x)\right|<\frac{\varepsilon}{2}$$

となる．そこで (25) の δ を上の関係をみたすものにとる．(25) の第2項はその δ を1つ固定しておいて，

$$(27)\qquad \sum_{\left|\frac{\nu}{n}-x\right|>\delta}\left|f\left(\frac{\nu}{n}\right)-f(x)\right|\varphi_\nu(x)$$
$$\leqq 2\max_{0\leqq y\leqq 1}|f(y)|\sum_{\left|\frac{\nu}{n}-x\right|>\delta}\varphi_\nu(x)$$

に注意しながら評価することを考える．前にのべたことを使うと

$$nx(1-x)=\sum_{\nu=0}^{n}(\nu-nx)^2\varphi_\nu(x)$$
$$\geqq\sum_{\left|\frac{\nu}{n}-x\right|>\delta}(\nu-nx)^2\varphi_\nu(x)\geqq n^2\delta^2\sum_{\left|\frac{\nu}{n}-x\right|>\delta}\varphi_\nu(x)$$

が言える．したがって，

$$(28)\qquad \exists n_0:\forall n\geqq n_0\Rightarrow 2\max_{0\leqq y\leqq 1}\left|f(y)\sum_{\left|\frac{\nu}{n}-x\right|>\delta}\varphi_\nu(x)\right|<\frac{\varepsilon}{2}$$

となる．以上併せると，任意の $\varepsilon>0$ に対して，(26) をみたす δ を固定し，(28) をみたす n_0 をとって来て (25) に適用すれば

$$\exists n_0:\forall n\geqq n_0\Rightarrow|f(x)-f_n(x)|\leqq\varepsilon,\quad \forall x\in[0,1]$$

となり結論が得られる．このときも (26) の δ をまず固定して考えることによりあちらたてればこちらたたずということを避けている．

これら2つの例は標準的な ε-δ 論法の使用例である．

なお [0, 1] 上の連続関数列 $\{f_n(x)\}$ の収束の問題は，定義域を自然数の全体に ∞ をつけ加えたものと [0, 1] の直積の集合における関数 $g(n, x)=f_n(x)$ を考えれば 2 変数の関数の連続性の問題と考えられる．

8. むすび

極限と連続の話を ε-δ 論法に焦点を合せて進めて来たが，あまり特徴のないものになったうらみがある．題材は大学の初年級の微積分で消化した方がよいと思うものに限り，可能な限り意味の説明を中心にするように努めたつもりである．結果的にみると題材も説明も現在日本の大学の教養程度で行われている考えにとらわれすぎているかもしれない．現在のように数学自身も，その応用のされ方も大きく変っている時には，このような題目についての初等的な学習も，もっと大胆な試みがなされる方が興味あるし，学習効果も高いとも言えるだろう．かつて高木貞治氏は 1935 年に当時の数学を過渡期の数学と呼び，その 1 つの特徴として，classic と modern の対立をあげた．(高木貞治述：過渡期ノ数学) 現在は数学が伝統的にかかわっていた分野より極端に広い所にかかわり，その様相が変化している意味において当時以上に過渡期と呼ぶにふさわしいであろう．そのような時代にはここにのべた題材やその学習の方法についてもそれにふさわしい変革が期待されるべきであろう．ここにのべたことはその趣旨は生かされていそうもないが，そのために現在あるものを見直す試みにはなるよう努めた．

(いけだ　のぶゆき　大阪大)

特集／位相

収束の一様性

雨宮一郎

1. 一様収束と距離

数列の集合 $\mathfrak{A}$ が一様に収束するとは，

(i) $\mathfrak{A}$ に属する数列 a_n に対して，$a=\lim_{n\to\infty} a_n$ が存在する．

(ii) 実数空間 R の 0 を含む区間（R 自身も区間とする）の列

$$I_1\supset I_2\supset\cdots\cdots\supset I_n\supset\cdots\cdots$$

で，共通点が 0 だけのものが存在して，$\mathfrak{A}$ に属するすべての数列 a_n に対して，各 n で，

$$a_n-a\in I_n$$

が成立することである．

(ii)のかわりに，単調減少で 0 に収束する正数列 p_n（$p_n=+\infty$ となることもゆるす）が存在して，すべての a_n に対して，

$$|a_n-a|\leqq p_n$$

が成立するといってもよい．

集合 X 上の関数の列 f_n が各 x に対して

(1.1) $\lim_{n\to\infty} f_n(x)=f(x)$

であるとき，関数列 f_n は f に**各点収束**するという．

特に，(1.1) の収束列の集合が一様に収束している時，f_n は f に**一様収束**するという．いいかえれば，$0<p_n\leqq+\infty$ で 0 に収束する列 p_n が存在して，すべての n，すべての x に対して，

(1.2) $|f(x)-f_n(x)|\leqq p_n$

が成立していることである．

X 上の二つの関数 f,g に対して

(1.3) $d(f,g)=\sup_{x\in X}|f(x)-g(x)|$

とおけば f_n が f に一様収束することは，(1.2) から，

(1.4) $\lim_{n\to\infty} d(f_n,f)=0$

ということに他ならない (1.3) で定義された関数，$d(f,g)$ は，

(i) $0\leqq d(f,g)\leqq+\infty$

(ii) $d(f,g)=d(g,f)$

(iii) $d(f,g)=0$ となるのは $f=g$ のときに限る

(iv) $d(f,g)+d(g,h)\geqq d(f,h)$

を満足している．一般に一つの集合 E の要素の組に対して定義された関数が (i)-(iv) を満足するとき，E 上の**距離**といい，距離が定義されている集合を，距離空間という．（普通 $d(f,g)<+\infty$ とするが，この制限は本質的でない）このとき $d(f,g)$ を f と g との距離といい，(1.4) が成立する時，f_n は f に（距離で）収束するという．

一般の集合 E に距離を導入する一方法は，E の要素をある集合 X 上の関数として表現し，関数間に (1.3) で定義された距離を E にうつすのである．それには X として E 上の関数の集合で，E の任意の異なる二要素に対して異なる値をとる関数を含むものをとればよい．（このことを X が E の要素を分離するという）X の要素 x は E の要素 f に $x(f)$ を対応させる関数であるが，見方をかえれば，f は x に $x(f)$ を対応させる X 上の関数とも考えられる．この X で導入された距離は，E の二要素 f,g に対して，

(1.5) $d(f,g)=\sup_{x\in X}|x(f)-x(g)|$

で与えられる．

このように導入された E 上の距離は，特別のものではない．E に距離 d が定義されている時，X として E 上の関数 x で，すべての E の二要素 f,g に対して，

$$|x(f)-x(g)|\leqq d(f,g)$$

となるものを全部考えれば，(1.5) が成立するのである．

実際 E の要素 f と正数 λ で決まる関数

$$g\longrightarrow \mathrm{Min}\{d(f,g),\ \lambda\}$$

は X に属し，これを x とした時，$|x(f)-x(g)|$ は，$\mathrm{Min}\{d(f,g),\lambda\}$ となり，λ に関する上限が $d(f,g)$ となる．

距離空間 E の要素の列 $f_n(n=1, 2, \cdots)$ が

(1.6) $$\lim_{\substack{n\to\infty \\ m\to\infty}} d(f_n, f_m)=0$$

を満足する時，**コーシー列**という．(1.6) は，すべての自然数の増加列 $n_i(i=1, 2, \cdots)$ に対して，

$$\lim_{i\to\infty} d(f_{n_i}, f_{n_{i+1}})=0$$

ということと同値である．E の任意のコーシー列が収束するとき，距離空間 E（あるいは E 上の距離）が**完備**であるという．

X 上の関数全体の集合 $\mathscr{F}$ に (1.3) で定義した距離は完備である．f_n がコーシー列なら，各点 $x\in X$ に対して数列 $f_n(x)$ もコーシー列となり，実数空間の完備性から極限 $f(x)$ が存在する．この f に f_n が一様収束することをいえばよい．任意の正数 ε に対して，(1.6) から，自然数 K が存在して，$n, m\geqq K$ ならば

$$d(f_n, f_m)<\varepsilon$$

とすることが出来る．任意の $x\in X$ に対して，不等式

$$|f_n(x)-f_m(x)|<\varepsilon$$

において $m\to\infty$ とすれば，

$$|f_n(x)-f(x)|\leqq\varepsilon$$

が成立し，左辺の上限をとって $n\geqq K$ に対して $d(f_n, f)\leqq\varepsilon$ が成立するのである．

$\mathscr{F}$ の部分集合で，一様収束する列をふくめば，その極限もふくむようなもの（いいかえると距離から導かれた位相での閉部分集合）は，それ自身，距離空間と考えて完備になることは明らかであろう．

一般の距離空間 E において，E の距離が，E 上の関数のある集合 X によって，(1.5) によって，定義されている時，E は，X 上の関数全体の集合 $\mathscr{F}$ の部分集合と同一視出来る．このとき，E が完備であるための必要かつ充分な条件は，E が $\mathscr{F}$ の閉部分集合となっていることである．E が完備でない時，E の要素からなる一様収束列の極限を全部 E につけ加えた集合 $\tilde{E}$（E の $\mathscr{F}$ の中での閉包）のことを，E の**完備化**という．E 上の距離が (1.5) によって定義しうるような，E 上の関数の集合 X は，一意的には定まらないが，E の完備化は，同型を別にすれば，E の距離だけによって一意的に定まるものである．それをみるには，E の距離を定義する他の X' をとり，X' 上の関数全体の集合 $\mathscr{F}'$ の中での E の閉包を $\tilde{E}'$ とし，$\tilde{E}$ の要素 φ は E の要素の列 f_n の X 上での一様収束の極限であるから f_n は又 X' 上でもある $\tilde{E}'$ の要素 φ' に収束しているので，この $\varphi\to\varphi'$ の対応を考えればよい．

収束 $\lim\limits_{n\to\infty}\varphi(n)$，$\lim\limits_{\substack{n\to\infty \\ m\to\infty}}\varphi(n, m)$ とか，連続変数に関する，$\lim\limits_{t\to t_0}\varphi(t)$，$\lim\limits_{t\to+\infty}\varphi(t)$，$\lim\limits_{\substack{t\to t_0 \\ s\to s_0}}\varphi(t, s)$ 等は，距離空間の概念を用いて，統一的に扱うことが出来る．

距離空間 E の一点 e_0 を固定し，$E-\{e_0\}$ から距離空間 F への関数 φ について，$\varphi(e)$ が $e\to e_0$ で $f\in F$ に収束すること，

(1.7) $$\lim_{e\to e_0}\varphi(e)=f$$

を考えるのである．(1.7) は「任意の正数 ε に対して，正数 δ が存在して，$d(e, e_0)<\delta$ ならば $d(\varphi(e), f)<\varepsilon$ が成立する」ことである．別のいい方をすれば，すべての正数 t で定義された単調増加関数 $P(t)$，$0<P(t)\leqq+\infty$ が存在して，すべての $e\neq e_0$ に対して

(1.8) $$d(\varphi(e), f)\leqq P(d(e, e_0))$$

が成立していることである．上の括弧内の文章は，$\varepsilon\to\delta(\varepsilon)$ という，関数 δ の存在を主張しているのであるが，それはこの P の存在を主張することと同値である．

(1.7) のような収束情況の集合（(E, e_0, φ, F, f) の組の集合）がある時，共通の P が存在して，すべてに対して (1.8) が成立している時これらの収束は一様であるという．（これは関数 δ が共通にとれるということと同値である．）

数列の収束 $\lim\limits_{n\to\infty}\varphi(n)$ の場合は，E として自然数の集合に，一点 ∞ をつけ加え，E の距離として，∞ が極限点になるようなものを導入し，$e_0=\infty$ とした場合である．（例えば，単調減少して 0 に収束する正数列 $\varepsilon_1>\varepsilon_2>\cdots$ によって，$d(n, m)=|\varepsilon_n-\varepsilon_m|$，$d(n, \infty)=\varepsilon_n$ とすればよい．これは E 上の関数 x で $x(n)=\varepsilon_n$，$x(\infty)=0$ となるもの唯一個の集合 $\{x\}$ から (1.5) によって導入されたものである．このような距離で $\{1, 2, \cdots, n, \cdots, \infty\}$ はコムパクトな距離空間になっている．）

なお二変数についての収束

$$\lim_{\substack{e\to e_0 \\ e'\to e_0'}}\varphi(e, e') \qquad (e\in E,\ e'\in E')$$

を考えることは，E と E' の直積，$E\times E'$ 上に，各 E，E' の距離から導入された距離，

$$d((e_1, e_1'), (e_2, e_2'))=d(e_1, e_2)+d(e_1', e_2')$$

を考えれば，$E\times E'$ で

$$\lim_{(e, e')\to(e_0, e_0')}\varphi(e, e')$$

を考えることに帰着される．

φ が E 全体で定義された F への関数であるとき，E の一点 e_0 で，

(1.9) $$\lim_{e\to e_0}\varphi(e)=\varphi(e_0)$$

のとき，φ は e_0 で**連続**であるといい，φ が E の各点で連続のとき，E で連続という．φ が E で連続のとき，e_0 のとり方に応じて，(1.9) は異なる収束情況を与えていると考えられるから，これらの収束の一様性を問題にすることが出来る．(1.9) の収束が，すべての e_0 について一様である時，φ は**一様連続**であるという．いいかえると (1.8) におけるような関数 $t \to P(t)$ が存在して，すべての $e, e' \in E$ に対して，(e_0 も任意なので，その代りに e' とする)

(1.10)　$d(\varphi(e), \varphi(e')) \leqq P(d(e, e'))$

が成立することである．

E がコムパクトな距離空間のとき，φ が E で連続ならば一様連続になることを証明しよう．E がコムパクトであるとは，E の任意の要素列から収束する部分列をとり出しうることである．(1.10) を満足する P が存在しないということは，前にのべた関数 $\varepsilon \to \delta(\varepsilon)$ が存在しないということであるから，ある正数 ε に対して，どんな正数 δ をとっても，$d(e, e') < \delta$ でしかも $d(\varphi(e), \varphi(e')) \geqq \varepsilon$ となる $e, e' \in E$ が存在する．従って二つの要素列，e_n, e_n' を適当にとれば，

(1.11)　$\lim_{n\to\infty} d(e_n, e_n') = 0, \quad d(\varphi(e_n), \varphi(e_n')) \geqq \varepsilon$

が成立する．なお $\{e_n\}, \{e_n'\}$ から収束する部分列をとり出すことが出来るから，e_n, e_n' ともに収束すると仮定してもよい．e_n と e_n' の極限は (1.11) によって一致するから，それを e_0 とおけば，φ の e_0 における連続性から，(1.11) の後式に矛盾するのである．

今度は E から F への連続な関数の集合 Φ を考える．E の一点 e_0 を固定すると，(1.9) は $\varphi \in \Phi$ に応じて異なる収束情況を与えている．この収束が一様である時，関数の集合 Φ は，**同程度連続**であるという．(1.9) が φ, e_0 のすべてについて，一様であるという，より強い条件が満足されるときは，Φ は同程度一様連続であるという．一個の関数の場合と同様，E がコムパクトの時は，Φ の同程度連続性からその同程度一様連続性がいえることが，同じ方法で証明出来る．

2. 極限の交換

実数空間，あるいはその区間で定義された連続関数の列 f_n が f に一様収束する時は，極限関数 f も連続になることを証明しよう．f_n が f に一様に収束するから，単調減少して 0 に収束する数列 p_n $(0 < p_n \leqq +\infty)$ が存在して，すべての x，すべての n に対して，

(2.1)　$|f_n(x) - f(x)| \leqq p_n$

が成立している．一点 x_0 での f の連続性を証明しよう．

任意の正数 ε に対し，$p_n < \varepsilon$ となる n を一つ固定すれば，$\lim_{x\to x_0} f_n(x) = f_n(x_0)$ となることから，正数 δ が存在して

(2.2)　$|x - x_0| < \delta$　ならば　$|f_n(x) - f_n(x_0)| < \varepsilon$

が成立する．(2.1) と (2.2) から，

$$|f(x)-f(x_0)| \leqq |f(x)-f_n(x)| + |f_n(x)-f_n(x_0)| + |f_n(x_0)-f(x_0)| < 3\varepsilon$$

となり，f の x_0 での連続性が証明された．

今証明した f の x_0 での連続性は，

(2.3)　$\lim_{x\to x_0} \lim_{n\to\infty} f_n(x) = \lim_{n\to\infty} \lim_{x\to x_0} f_n(x)$

とかくことが出来る．このような極限の交換は，いつも成立するとは限らない．f_n の収束が一様でなければ，極限関数 f は連続であるとは限らないのである．f_n が一般に距離空間から距離空間への連続関数である場合にも，f_n が f に一様に収束すれば，f は連続になることが，上と同様にして証明出来る．

(2.3) の場合のように，一般に極限の交換は，どちらか一方の収束が一様であれば成立するのであるが，一番簡単で重要な例として，二重数列 $a_{m,n}$ $(m, n = 1, 2, \cdots)$ の場合を考えよう．各 m を固定すれば

(2.4)　$\lim_{n\to\infty} a_{m,n} = b_m$

が存在し，各 n を固定すれば

(2.5)　$\lim_{m\to\infty} a_{m,n} = c_n$

が存在すると仮定して，

(2.6)　$\lim_{m\to\infty} \lim_{n\to\infty} a_{m,n} = \lim_{m\to\infty} b_m$

(2.7)　$\lim_{n\to\infty} \lim_{m\to\infty} a_{m,n} = \lim_{n\to\infty} c_n$

の存在と一致が問題である．

(2.4) と (2.5) の存在だけからは一般には (2.6) (2.7) について何もいえない．両方とも存在しない場合，一方だけ存在する場合，両方存在しても値がことなる場合がすべておこりうるのである．一つの例として，

$$a_{m,n} = \begin{cases} 1 & m \leqq n \\ 0 & m > n \end{cases}$$

とした場合，すべての m で $b_m = 1$，すべての n で，$c_n = 0$ となり，(2.6) も (2.7) も存在するが一致しないのである．

$a_{m,n}$ についての次の三つの条件

(i)　$\lim_{n\to\infty} a_{m,n} = b_m$ の収束は一様である．

(ii)　$\lim_{m\to\infty} a_{m,n} = c_n$ の収束は一様である．

(iii)　$\lim_{\substack{n\to\infty \\ m\to\infty}} a_{m,n}$ が存在する．

は互いに同等で，(2.6) と (2.7) が存在して一致するた

めの一つの充分条件である．このことを証明しよう．

前にのべたコムパクトな距離空間としての $\{1, 2, \cdots, n, \infty\}$ を $\tilde{N}$ とおき，$\tilde{N}\times\tilde{N}$ 上の関数 φ を

$$\varphi(m, n)=a_{m,n},\quad \varphi(m, \infty)=b_m,\quad \varphi(\infty, n)=c_n$$

と定義すれば φ は (∞, ∞) だけをのぞいて定義され，各点で連続である．従って (iii) が成立する時は，

$$\varphi(\infty, \infty)=\lim_{\substack{n\to\infty\\ m\to\infty}} a_{m,n}$$

と定義すれば，φ は $\tilde{N}\times\tilde{N}$ 全体で連続になる．$\tilde{N}\times\tilde{N}$ はコムパクトであるから，φ は一様連続になり，(i) も (ii) も成立する．

今度は (i) が成立するとしよう．即ち $\lim_{t\to 0} P(t)=0$ となる正数値関数 P が存在して，すべての n, m に対して

$$(2.8)\qquad |\varphi(m, n)-\varphi(m, \infty)|\leqq P(d(n, \infty))$$

が成立している．(2.8) を n と n' に適用して，

$$|\varphi(m, n)-\varphi(m, n')|\leqq P(d(n, \infty))+P(d(n',\infty))$$

をうるが，ここで $m\to\infty$ とすれば，

$$|\varphi(\infty, n)-\varphi(\infty, n')|\leqq P(d(n, \infty))+P(d(n', \infty))$$

となり，$\varphi(\infty, n)$ がコーシー列であることが分かる．従って実数の完備性によって，$\lim_{n\to\infty}\varphi(\infty, n)$ が存在する．この極限を $\varphi(\infty, \infty)$ とおくことにしよう．

n を固定すれば，$\varphi(m, n)$ は m の関数として（m を ∞ とした場合もふくめて）$\tilde{N}$ で連続であり，n について一様に，m の関数（∞ に対しては今定義した $\varphi(\infty, \infty)$ の値をとるものとして）$\varphi(m, \infty)$ に収束している．従って $\varphi(m, \infty)$ は連続関数の一様収束の極限として連続である．いいかえれば，

$$(2.9)\qquad \lim_{m\to\infty}\varphi(m, \infty)=\varphi(\infty, \infty)$$

が成立している．このことから (2.6) (2.7) がともに存在して一致することが分かった．

(2.9) から，$\lim_{t\to 0} P'(t)=0$ となる正数値関数 P' があって，すべての m に対して

$$|\varphi(m, \infty)-\varphi(\infty, \infty)|\leqq P'(d(m, \infty))$$

が成立しているが，これと (2.8) から，すべての m, n に対して

$$|\varphi(m, n)-\varphi(\infty, \infty)|\leqq P(d(n, \infty))+P'(d(m, \infty))$$

が成立することが分かる．これは (iii) の成立することをしめしている．（証明終り） 以上の結果を二重級数定理とよぶことにする．

この定理は，完備な距離空間の要素の二重列についても成立する．証明の方法も全く同様でよい．完備でない場合でも，その完備化の中で考えることによって，(i) と (ii) が同値であること，(2.6) と (2.7) と (iii) における三種の極限のうち，どれか一つが存在すれば他の二つも存在して皆一致することが分かる．

二重数列の問題は，$\tilde{N}\times\tilde{N}$ 上の関数 φ についての問題であるが，一般の二つの距離空間 E と F の直積 $E\times F$ 上の関数 φ を考えることによって，連続変数による収束等をふくむ，より一般な極限の交換について論じよう．E, F の夫々一点 e_0, f_0 を固定し，φ は夫々 e_0 と f_0 と異なる e, f について定義されていて，完備な距離空間 G の値をとるものとする．e_0 と異なる任意の e に対して，

$$(2.10)\qquad \lim_{f\to f_0}\varphi(e, f)=\varphi(e, f_0)$$

が存在し，f_0 と異なる任意の f に対して，

$$(2.11)\qquad \lim_{e\to e_0}\varphi(e, f)=\varphi(e_0, f)$$

が存在すると仮定する．このとき，(2.10) と (2.11) の収束のうちどちらかが，一様であれば，

$$(2.12)\qquad \lim_{f\to f_0}\lim_{e\to e_0}\varphi(e, f),\quad \lim_{e\to e_0}\lim_{f\to f_0}\varphi(e, f),\quad \lim_{\substack{e\to e_0\\ f\to f_0}}\varphi(e, f)$$

の三種の極限が皆存在して互いに一致するのである．二重数列の場合に帰着させて証明しよう．f_0 と異なる F の要素の列 f_n で f_0 に収束するものを任意にとり，e_0 と異なる E の要素の列 e_m で e_0 に収束するものを任意にとる．(2.10) の収束が一様であれば，

$$\lim_{n\to\infty}\varphi(e_m, f_n)=\varphi(e_m, f_0)$$

の収束が一様であるから，$\varphi(e_m, f_n)$ に二重級数定理を適用すれば，

$$\lim_{n\to\infty}\varphi(e_0, f_n)=\lim_{m\to\infty}\varphi(e_m, f_0)=\lim_{\substack{n\to\infty\\ m\to\infty}}\varphi(e_m, f_n)$$

をうる．前の方の等式からこの極限は e_m, f_n のとり方に依存しない．一般に距離空間の上の関数 φ に対して $\lim_{e\to e_0}\varphi(e)=a$ であるということは，すべての e_0 に収束する列 e_n に対して，$\lim_{n\to\infty}\varphi(e_n)=a$ であることと同値であるから，(2.12) の三つの極限が存在して一致することが分かる．

注意すべきことは，この場合は，(2.10) の収束の一様性から (2.11) の一様性が出ないことである．このとき，f_0 に収束する f_n を定めた時，任意の e_0 に収束する列 e_m に対して

$$\lim_{m\to\infty}\varphi(e_m, f_n)=\varphi(e_0, f_n)$$

の収束は，二重数列定理によって一様である．またこの e_m は任意でよいから，$e\to e_0$ の収束一個の場合と同様

$$\lim_{e\to e_0}\varphi(e, f_n)=\varphi(e_0, f_n)$$

の収束も一様である．しかしこれだけではすべての f についての (2.11) の一様性は分からない．しかし F が f_0 だけを極限点にもつ場合，なお一般に，F がコムパクトで f_0 ばかりでなく任意の $f_1 \in F$ に対して

$$(2.13) \qquad \lim_{f \to f_1} \varphi(e, f) = \varphi(e, f_1)$$

の収束が一様である時は，(2.11) の一様性がいえるのである．この条件は，e_0 と異る e に応じて定まる $f \to \varphi(e, f)$ という F 上の関数が，F 上で同程度連続ということに他ならない．もし，(2.11) の収束が一様でないときは，ある F の可算集合 $\{f_n'\}$ があって，その任意の無限部分集合について，(2.11) の収束が一様でない．$\{f_n'\}$ から収束する部分列をとり出しうるから，f_n' 自身がある F の一点 f_1 に収束すると仮定してもよい．このとき，(2.13) の収束の一様性により，f_0 のかわりに f_1 として二重数列定理を適用すれば，矛盾が生ずるのである．

なお，G が完備でない場合も，G の完備化の中で考えることにより，(2.10) と (2.11) のどちらか一方の収束が一様なら，(2.12) の三つの極限のうち，どれか一つが存在すれば，残りの二つも存在して，みな一致することが分かる．

E, F ともにコムパクトで，φ が $E \times F$ 全体で定義され，任意の $e \in E$ を固定した時，$f \to \varphi(e, f)$ が連続，任意の $f \in F$ を固定した時，$e \to \varphi(e, f)$ が連続であるとする．これだけの条件では φ の $E \times F$ における（いいかえると二変数の関数としての）連続性はいえない．このとき次の三条件は同等になる．

(i) e を固定した f の関数 $\varphi(e, f)$ が同程度連続．

(ii) f を固定した e の関数 $\varphi(e, f)$ が同程度連続．

(iii) φ は $E \times F$ で連続．

(iii)が成立すれば，φ は $E \times F$ で一様連続であるから，(i)(ii)が成立する．$e_0 \in E, f_0 \in F$ を任意にとって，前の定理を適用すれば，(i), (ii) のどちらか一方から，φ の (e_0, f_0) での連続性がいえるのである．

コムパクトな E 上の関数の列 φ_n が E の各点で φ に収束している場合，$(n, e) \to \varphi_n(e)$ 及び $(\infty, e) \to \varphi(e)$ によって $\tilde{N} \times E$ 上の関数を考え，上にのべた結果を用いれば，φ_n の収束が一様であることと $\{\varphi_n\}$ が同程度連続であることが同値であることが分かる．

最後に微分と積分の一様性と交換について簡単にのべることにしよう．実数上で定義され実数値をとる関数 $t \to f(t)$ が一点 t_0 で微分可能であるということは，

$$(2.14) \qquad \lim_{t \to t_0} \frac{f(t) - f(t_0)}{t - t_0} = f'(t_0)$$

という収束を意味している．(2.14) の収束が t_0 について一様の時，f は一様に微分可能といい，f の集合について一様であるとき，その集合が，t_0 で同程度微分可能という．また f, t_0 の両方について一様のとき，同程度一様微分可能という．s, t の二変数の関数，$g(s, t)$ を

$$(2.15) \qquad g(s, t) = \frac{1}{s}\{f(s+t) - f(t)\}$$

とおけば $\lim_{s \to 0} g(s, t) = f'(t)$ であり，s を固定すれば $g(s, t)$ は t の連続関数であるから，もし f が一様微分可能ならば，$g(s, t)$ の極限関数 $f'(t)$ は連続となる．また $f'(t)$ が一様連続なら，平均値の定理により，

$$g(s, t) = f'(\theta s + t) \qquad (0 \leqq \theta \leqq 1)$$

となるから $\lim_{s \to 0} g(s, t)$ の収束が一様，即ち，f は一様微分可能となる．従って，実数の閉区間上では関数の一様微分可能性と連続微分可能性とが同値である．

$$\frac{d}{dt}(\lim_{n \to \infty} f_n(t)) = \lim_{n \to \infty} \frac{d}{dt} f_n(t)$$

$$\frac{\partial^2}{\partial t \partial s} f(s, t) = \frac{\partial^2}{\partial s \partial t} f(s, t)$$

等の交換可能性を考える場合は，微分作用素にふくまれる収束情況を顕現させた上で，極限の交換を考えなければならない．前者については，

$$\varphi(n, s) = \frac{1}{s}\{f_n(s+t) - f_n(t)\}$$

における $\lim_{n \to \infty}$ と $\lim_{s \to 0}$ の交換，後者は，

$$\varphi(s, t) = \frac{1}{st}\{f(s+s_0, t+t_0) - f(s_0, t+t_0) - f(s+s_0, t_0) + f(s_0, t_0)\}$$

の $\lim_{s \to 0}$ と $\lim_{t \to 0}$ の交換が問題になる．

積分の一様性については，積分を有限和の極限としてあらわす．あらわし方によって，いろいろのものが考えられるが，その一つについてのべると，

$$\int_0^1 f(t)dt = \lim_{n \to \infty} \frac{1}{n} \sum_{m=0}^{n-1} f\left(\frac{m}{n}\right)$$

であり，f の集合について，同程度積分可能性がこの収束の一様性として定義される．f の集合が $[0, 1]$ で同程度連続なら，同程度積分可能であることが容易に分かる．

$$\int_0^1 \left(\lim_{n \to \infty} f_n(t)\right) dt = \lim_{n \to \infty} \int_0^1 f_n(t) dt$$

$$\int_0^1 \frac{\partial}{\partial s} f(s, t) dt = \frac{\partial}{\partial s} \int_0^1 f(s, t) dt$$

$$\int_0^1 \left(\int_0^1 f(s, t) dt\right) ds = \int_0^1 \left(\int_0^1 f(s, t) ds\right) dt$$

等の交換可能性を考える場合，微分，積分両作用素のあ

らわす収束を顕現させた形で，極限の交換を考えればよいのである．その他，この種の問題は解析学でいたるところに見出される．一々，この稿で論じた一般論を持出すまでもない場合も多いが，一般に極限は無条件では交換出来ないことを覚悟した上で，一方の収束の一様性があれば，交換出来ること，そして，収束の一様性は，一個の収束情況によって皆おさえられて収束することを心得ておけばよい．全体をおさえる収束情況を求めるために，関数の大きさ，あるいは小ささを適当に評価することが，解析学で重要な役割を持つのである．

（あめみや　いちろう　東京女子大）

●書　評

イデアル論入門

成田　正雄　著

共立出版 発行

45年4月

B 6　214頁　750円

現代は情報過多の時代で，何かについて知りたいと思ってもどの様な書物を読めばいいのか分らず非常に苦労する時代です．つまり情報の選択に苦労させられる時代です．このことは「イデアル論」についても言えると思います．「イデアル論」について大体の様子を知ろうと思っても，「イデアル論」を扱った書物は沢山あって，どれが自分の求めている問題意識に答えてくれる様な内容のものかちょっと眺めただけではとても分らないという状態ではないかと思います．

ところが，これは一般にいえることですが，最近市販の専門書というと，とかく限られたページ数の中に暇にまかせて何でもカンでも詰め込んだ様なものが多く，しかもこの様なもの程全体を統一するイデーを欠いているものが多い状態です．もし何も知らない人が，偶然にあるいはちょっと見て良さそうだからと思って詳し過ぎる専門書に取りかかると，とんだ無駄に終るという結果になります．この様な点から言って「入門書」を選ぶことは，何の入門になるかということを考えると極めて難しい問題であるといえましょう．

その点，この「イデアル論入門」は，イデアル論の入門書として取り上げるべき内容の選択に細心の注意が払われ，叙述も平易で行届き，特に「イデアル論」について「イデアル論とはどの様な分野であろうか？」といった極く素朴な問いをもって臨む人には，極く素直にこの問いに答えてくれる様な入門書であるといえるでしょう．

内容については，第0章で基本事項を簡単に準備した後，第1章でイデアル，第2章で可換環，第3章で局所環が述べられ，第4章で正則局所環が第3章の局所環の中でさらに重要な場合として取り上げられております．

これらは易しく述べられていて，何の抵抗もなく読んでいけるのではないかと思います．また，第5章では，「イデアル論」の初期の問題であった素イデアル分解が現代代数学の立場から整理されて扱われております．この様に素材が読者の立場に立って厳選されており，知らず知らずのうちに「イデアル論」の様子もわかり，同時に現代の代数学の教養を身につけることもできるのではないかと思われます．

また，代数幾何学に関心のある人のためには，第6章にその introduction がなされています．また，さらに詳しいことを知りたい人のためには，巻尾に適切な参考書が挙げられております．

河合良一郎
（かわい　りょういちろう　京都大）

数　学 I

われらの科学シリーズ

金関　義則　監修

平凡社 発行

45年3月

A 5　286頁　850円

本書は「われらの科学」シリーズの中の一冊である．物理学，化学等と並んで数学とは如何なる学問であるかが多くの図と写真により極めて平易に説かれている．次に示す目次からも分る様に中学の数学を終えた人々に十分理解できる．第1章 数学とは何か，第2章 数，第3章 数-公理と計算，第4章 測定，第5章 数と無限集合，第6章 代数式，代数演算，代数方程式，第7章 指数，科学的記法，対数，第8章 幾何学，第9章 ユークリッド幾何学，第10章 三角法，第11章 解析幾何学，第12章 軌跡の方程式となっている．最初に著者は次の様に述べている．「数学は深遠な科学の問題から，日常の問題まで多種多様な問題を扱う．数学を実際に使うことは，抽象的思考を異常に好む人々に独占されるわけではない．数学の抽象概念そのものも，吾々の身近な具体的，物理的事物からひき出されるのである．数学の思考も，だれしもが持っている「常識」から遠いものではなく，常識を洗練し，発展させたものである．」著者は本書を一貫して，興味ある実例を実に豊富に使ってこの事を読者に示している．最初に数学の根底をなしている論理学を平易に説いている．更に数学と，数学を有力な手段とする物理学，化学等の観測や実験に依存する諸科学との違いを次の様に述べているのも興味深い．「それらの諸科学に於ては数学は有用であり，演繹（組み立てた理論によって特殊な課題を説明すること）はやはり役に立つ．しかしこれらの科学に於てはある結論をうけ入れるか否かの基準はそれが観測と一致するかどうかということである．長い一連の観測の結果を一般化して結論を引き出す事はしばしばある．これが科学的帰納の過程であるが，こうして得た結論は常に仮のものにすぎない．それは数学の定理の様に決定的なものではあり得ない．」

本文に入ると先ず第2,3章で数について述べている．教科書ではごくあっさりと述べてあるが，ここでは約50頁を費し，数学にとっては最も重要であるこの問題を極めて平易に且つ適切に説明してある．どの節にも終りには多くの問題があり，中学，高校の数学のおさらいにもなるであろう．更に第8,9章では多くの美しい写真と図を使って，ユークリッド幾何学，非ユークリッド幾何学について述べられている．一見難解不可思議な数学の理論も順序よく要点を述べれば，誰にでもその概要が理解される事を示す良い例であろう．本書は高校生の諸君に数学とは如何なる学問であるかを示す好個の読物であろう．

石黒　一男
（いしぐろ　かずお　北海道大）

特集/位相

心理学と位相

狩野素朗

心理学における位相数学の導入はそれほど新しいものではない．ゲシュタルト心理学者であり，今日の心理学の方法論に大きな影響を与えたクルト・レビン(Lewin, K. 1890-1947) はすでに1936年に「トポロジー心理学の原理」(7) という著作を公にしている．本書は恐らく心理学における位相的方法についてまとめた代表的著作と思われるので，この小論のはじめの部分（I）において，このレビンの考え方について紹介してみたい．

レビンの後，心理学研究のいくらかの領域において位相数学的研究が行われ（たとえば文献（8）)，本誌にすでに筆者が紹介したグラフ理論（現代数学 Vol. 1, No. 4, 1968「集団の構造模型」）も実は小集団研究の領域における位相的方法である．そこでこの小論ではレビンの考え方の紹介につづいて，(II) として，筆者が小集団研究の領域で試みている位相的構造モデルについて紹介させていただくので，ご批判をあおぎたい．最後の (III) では，今後社会心理学の領域において位相的研究が有用であろうと思われる領域についての一，二の構想を紹介し，読者のかたがたからの示唆をうけたいと思う．

I レビンの位相心理学

心理学にもいろいろな立場があるが，今日では行動（行動とは外的な行為・動作をさすにとどまらず，思考とか努力とかの内的な心的活動をもふくめて行動と考える）に関する一般的法則を発見することが心理学の課題であるという点では異論のないところであろう．ある人あるいは集団が A という条件におかれたときどのように行動するか，Bという条件のときにはどのように行動するか，いいかえると条件の組織的変化に対応して行動がどのように規則的に変化するかということ，つまり条件と行動との間の関数関係こそが行動の法則であり，このような関数関係の発見をめざして条件と反応との組織的分析を行うことが心理学の方法とされる．

行動の定式と生活空間

さてそれではわれわれの行動に影響を与える条件とはどのようなものであろうか．ある人の目の前にカレーライスがおかれたとしよう．その人がそのカレーライスを食べるという行動をするかどうかは，それがみるからにおいしそうであるか，それともいかにもまずそうであるかという**対象**の側の条件とともに，その人が空腹であるか否か，あるいはカレーライスが好きかどうかという，その**人**の側の条件にも依存している．このような関係をレビンはつぎのように定式化した．ある行動あるいは心的事象を B とし，その人 P をふくんだ全体の状況を S とするならば，P の行動 B は S の関数である，つまり $B=f(S)$ と定式化される．そこで行動を決定する状況 S は前述のように，**人**についての条件と，その人に**外部**から働きかける条件とからなっており，後者は，その人の行動に影響を与える外的諸要因という意味で「心理学的環境」あるいは「行動的環境」(E) といわれるものである．したがって $B=f(S)$ はさらに「行動はその人とその心理学的環境との関数である」，つまり $B=f(PE)$ と定式化されるのである．

さてここで心理学的環境ということについて若干説明しておきたいと思う．というのは日常私たちが環境とよんでいるものと心理学的環境とは必ずしも同じものではないからである．今，この文章を読んでおられるあなたの机の上に花瓶がおいてあるとしよう．物理的にはこの花瓶があることは環境の一構成要素であるかもしれない．しかし，もし今のあなたの行動に，その花瓶が何の影響をも与えていないとすれば，それは心理学的環境の要素とはならない．だが，もしその花瓶があることによって今のあなたに快適な気分をおこさせているとすれば，それは行動に影響を与えているという点から，たしかに心理学的環境の一要因なのである．このようにして，ある人にとっての心理学的環境とは，その人の行動に何らかの影響をもっている事象のみによって構成されるものであり，したがって例えば同じ部屋に10人の人たちが同じ仕事をしている場合，物理的には同一の環境の中にいるとしても，1人1人の行動に何が影響を与えているかということは一般にそれぞれ相異っており，各人の心理学的環境はそれぞれに異っている．いいかえるならば同じ部屋で同じ仕事をしていても，各人が住んでいる心理学的世界は皆異っていると考えなければならないのである．はじめて教室に集った小学校の一年生は物理的にはみな同一の部屋の中にいるが，a君にとって大事なことは友だちのbさんとcさんのことであり，b君にとっては教室外での遊びのことであり，c君にとってはお母さんと離れていることの不安である……といったように，それぞれの心理学的環境は異り，それが1人1人の行動をきめるのである．このようなことからレビンの基本的な概念である生活空間の構想が生れるのである．そして，その生活空間は数学的意味での空間であるとされ，その空間について位相数学的（特に位相空間論的）考察がすすめられる．

<数学的空間としての生活空間>

レビンは「ある人のそのときの行動に直接影響を与える事象の全体」を生活空間（life space）と定義した．日常的なことばでいいかえるならば，ある人がそのとき住んでいる心理的な世界のことであり，前述のようにそれはたとえ人々が物理的には同一場所にいようとも各人それぞれに異っており，またそれこそがその人の行動に意味をもつものである．よく家庭環境の一つとして片親がいないような欠損家庭ということがうんぬんされることがあるが，物理的にはたとえば父親が死亡して欠けているとしても子供の側で，そのことから何等の影響をも受けていないとすれば，父親の欠損ということはその子の心理学的生活空間の一要因だとは考えられないのである．レビンの言葉に「影響をもつものが実体である（what is real is what has effects)」というのがある．この観点からいえば，父親の欠損はこの子にとって心理学的リアリティはもたないのである．

さて，「ある人のその時の行動に直接影響を与える事象の全体」として定義される生活空間は数学的意味での集合であると考えられる（直接影響を与えているか否かは操作的に判定されるものと考える）．ここでいう「事象」には机の上の花瓶とかカレーライスというような**物質的**事物，対人関係とか「ふんいき」とかの**社会的**事象，観念とか思想とかの**概念的**事象がふくまれる．このような，集合としての生活空間はどのような特性をもっ

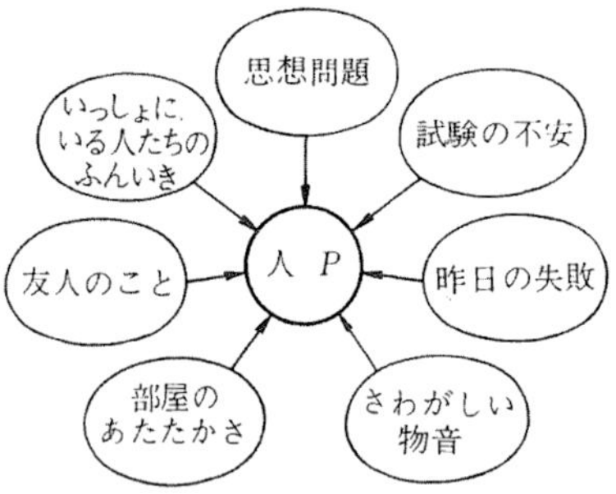

Fig. 1　人 P に直接影響を与えている事象の例

ているであろうか．ある学生Pの生活空間の構成要素が Fig. 1 に示すようなものであるとしよう．つまり，Pという人のその時の行動に対して，図に示すような要素が直接的影響を与えている．さて，ここにあげられている一つ一つの要素の効果性は互に独立したものではなく，相互依存関係にある．たとえばその中の一つである「思想問題」の考えが変化すれば，そのことは他の要素である「昨日の失敗」についての受けとり方が変るであろうし，そのことがまた「友人のこと」や「試験の不安」についての認知にも変化を与えるであろう．「ふんいき」がよくなれば「物音」も気にならなくなるかもしれない．このように集合としての生活空間の要素は全体として相互依存的な構造をもっていると考えなければならない．レビンの位相心理学は，行動の一般原理をうみだすための概念分析として，まずこのような生活空間の構造を分析してゆくものであるが，以上述べたような意味で生活空間は数学的意味での集合であり，その集合の要素の間には何らかの構造的特性が問題にされるという点から，それは数学でいう（抽象）空間として把握されるのである．

生活空間は位相的特性をもつ

抽象空間としてとらえた生活空間について，その具体的特性を考察してみよう．まず生活空間は「境界」によって分離されるところの互に質的に異る「領域」に分化している．心理学的にはそれらの相異る領域がどのように「連結」しているか「分離」しているかということが重要な問題である．このことを，ある子供の「行動の自由」ということを例にして示してみよう．行動の自由についての要因として，彼に何が許されているかということと彼にどれ程の能力があるかという2つの点から考えてみる．cという子供は，たとえば街に1人で出かけること，ある種の本をみること，車の運転をすること，喫茶店に1人で入ること，……などが禁じられているとしよう．子供の生活空間を2次元の空間であるこの紙面に

写像したものが Fig. 2 である．この図でfと示した領域がこの子の生活空間の中における禁じられた領域であり，残った空間が子供cにとって自由な空間である．また子供にとっていろいろとやりたいことは多いであろうが，子供であるが故にその能力が不足して達成できないことがらが多いものである．このように，能力不足のために到達不能な事柄が同じく Fig. 2 のiの領域で示されている．Fig. 2-a はタブーも多く能力も少い子供の，また Fig. 2-b は比較的能力も高くタブーも少い子供の

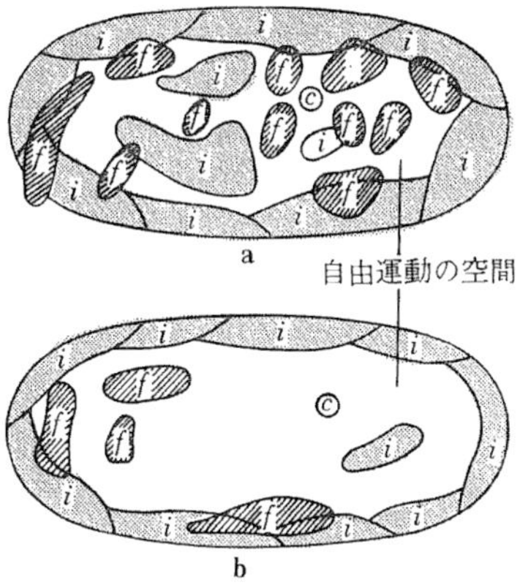

a： 能力も少くタブーの多い子供のばあい
b： 能力が高くタブーの少い子供のばあい
c： 子供　　f: 禁じられた領域
i： 能力不足のため到達不能の領域
Fig. 2　子供の自由運動の空間（レビン）

生活空間で，後者の方が心理的な自由運動の空間は広い．この図の示すように子供のおかれた状況は，到達不能の領域によって閉ざされた領域である．もし能力が高ければその一つの境界を突破することはできるであろう．私どもの生活の場合でも，現在の自分にとって到達可能な領域ははたしてどこまで拡っているものであろうかと考えてみると，やはりそこにこの図のような境界の存在を感ずるのではなかろうか．

さて，このほんの１つの例の中にも，生活空間の特質を記述するに際して**領域**，**境界**，**連結**，**分離**，**位置**，**領域の内部・外部**，**閉じた**領域という概念が主役であることが示されている．われわれは生活空間は数学的意味での集合であり，空間であると考えた．そしてこの空間のもつ，以上のような諸特性は，まさにいわゆる位相的特性であるというように考えるのである．物理学が物理的諸現象に数学という論理体系を適用して物理学概念を構成し，関係の数学的表現によってその精密性を加えたように，われわれの心理学的現象を概念的に把握し，その変化の法則を得るための論理体系として，生活空間の特性に対応する数学としての位相数学を求めたのである．

生活空間の力学的特質

たとえば領域の境界という位相の概念そのものには，その境界の力学的強さという特性は関与していない．位相の概念を用いて構成した「領域の境界」という心理学的概念には力学的特性が付与され，「境界の強さ」ということが問題にされる．Fig. 2 に示した例を再び用いるならば，子供は彼の自由な空間を移動する（生活空間内の位置の変化，移動とは心理学的状態の変化のことであり，それが行動である）わけであるが，生活空間の中には立ち入れない領域がいくつも存在している．その領域の中に移動しようとするとき，そこの境界がどれ程通過しやすいか，いいかえるならば障壁としての力がどれ程強いかということが問題であって，子供の能力が大きいばあいには，その境界の強さも相対的に弱いものであるが，能力が小さいばあいには障壁は大きな力をもっていて通過不能となるのである．このように，境界の「力学的強さ」を考えることが必要とされる．紙面にこれをあらわすときには強い境界を太い線で描く方法が用いられる．たとえば Fig. 3 は遊びたがっている子供にむりに母親が食事をさせようとして，たべ終るまでは遊ばせないといってひきとめている状況に対応するもので，子供cにとって食事の領域は強い境界でとざされていることを示している．また Fig. 4 は医者になりたいと思っている高校生の状況を示している．彼の現在いる位置は図の左端の領域である．そして目標は右端の「医者である」という領域内に移動することである．そのためにはその中間のいくつかの領域を通過してゆく他に道はない．Fig. 4 はそれぞれの領域の境界のうち最初に通過すべき境界

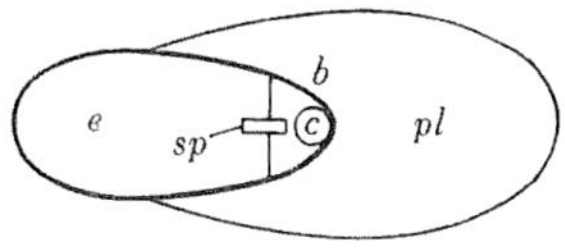

c: 子供　　b: 障壁（母親の妨害）
e: 食事の領域　sp: スプーン　pl: 遊び
子供は遊ぼうとして食事をやめることを母親から禁じられている．
Fig. 3　食事状況の位相（レビン）

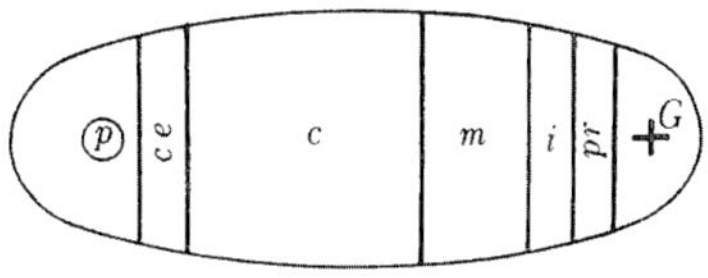

p: 人　　G: 目標　　ce: 大学入試
c: 大学生活　　m: 医学学校
i: インターン　　pr: 実習
Fig. 4　医者になりたいと思っている少年の状況（レビン）

は入試に相当する境界であることを示している.

以上いくつかの例で示したように，レビンの位相心理学の構想を一口でいうとすれば，われわれの心理学的世界，すなわち生活空間はその特質として位相的特性をもっており，生活空間の変化としてとらえられる人間行動を客観的に分析する論理体系として位相数学を適用しようとするものである．さらに今述べたように行動を分析するために位相的概念に力学的概念が付与されている．

<人 の 位 相>

以上の構想からレビンは具体的な位相心理学を展開しているが，それについて体系的に紹介することは紙面の都合で略させていただきたい．ただ環境の位相についてはすでにいくつかの例を示したので，生活空間のもう一つの構成要因である「人」についての位相的考え方の一端を示させていただきたい．

人の内部構造

「人（あるいは自我）」はその人の生活空間の中で，ある位置を占めている一つの領域であることは前にものべた．私どもは自分のことについて考えるとき，自己の中にいろいろな機能・構造があることからしても，「人」に対応する領域は均質な未分化の領域ではなく，いくつもの領域に分化した部分領域によってなるところの連結した領域と考えられる．それでは人の構造をどのように分析してゆくことが心理学的に妥当であろうか．まず私どもは「自己」と「環境」とを一応区別することができる．そこでまず「人(自己)」とはジョルダン曲線によって環境から分離されている連結領域としてあらわすことができる（Fig. 5)．人の領域はまず大きく内部と外部，つまり「内部人格」領域（I）と「知覚-運動」領域（M）とに区別される．たとえば A という人の欲求とか感情とか態度などというものは，A が食物を食べるとか，笑うとか，デモに参加するとかいうような，広い意味での身体運動（話すとか文章を書くとかの行動をもふくめて）を**通じて**しか環境（他人や社会）に表わすことはできないし，また今度はそれを受けとる側でも眼や耳や舌や皮膚というような感覚器官を通じ知覚という機能を**通じて**こそ，受けとる人の内部に到達するのである．つまり人の中の知覚-運動領域は，人の内部と環境との間の境界帯としての位置をもっている．私どもが誰かある人と接触するばあい，その人の感情とか欲求とか思想とかにじかに触れることはできないのであって，言葉とか，ほほえみとか，なぐりかかるとかという，何らかの表出を行い，またそれらを知覚機能を通じてのみ受けとることが可能であるという点で，知覚-運動領域での接触しか行うことはできないのである．

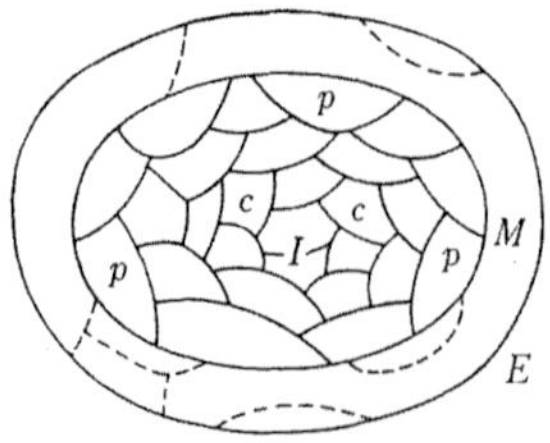

M：運動-知覚領域　　I：内部人格領域
p：I の周辺部分　　c：I の中心部分

Fig. 5 人の位相（レビン）

さて，人の内部領域の中は，さらにより周辺的領域とより中心的部分とに分化している．周辺的部分とは外界から知覚された事象にかなり直接的に影響しやすい部分，あるいは逆にその部分の状況が外部にも比較的わかりやすい部分であり，またより内部的領域とは，なかなかまわりからの働きかけには影響されない．またはたからみてもなかなかわかりにくい．しかし，その部分の変化はその人の全体に影響を及ぼすというような部分である．しかしこの，人の内部の分化の度合い(つまり人の領域がどれ程多くの部分領域に分化しているか）は，その人により，また発達の度合いにより，あるいはその時の状況によって異っている．俗にいう単純な人や，子供のばあいには分化が少く，あるいは怒っているときなどには原始的な反応が表面に出やすい（内部と外部との分化度が少くなり子供と似たような状態になる）が，複雑な人や，いわゆる「できた人」は内部と表出領域との間に多くの介在する領域があって，外からは何を考えているのかわかりにくい．

性格と領域の構造

私どもの毎日の行動は内的な欲求を環境の中で充足させてゆく過程であると考えることができる．内的欲求をどのようなやり方で充足させるかという点において各人各様に異るわけであり，これが性格といわれるものである．その人独自の欲求充足の方法，いいかえると適応の方法をきめるものは，その人の領域の中で，内部領域・周辺領域をふくめてどのように諸領域が構造化しているかによるのである．同じく怒りを感ずるばあいに，A という人は怒りという内部領域と表出の働きをする外部領域とが隣接していて怒りがそのまま表情，動作に出るという行動様式をもたらし，B という人は内部領域と表出領域との間に怒りを抑制しかえって反対の表現を起させる機構が介在し，内心の怒りに対して表面的には笑顔をみせるという行動様式を生むということもある．そしてこのようなかなり持続的な，その人なりの行動の様式というものはその人の領域の分化，統合のあり方が，どのような構造をもっているかによるのである．その人独自の領域の構造，領域間の境界の通過性の容易さの度合いがその人の行動特性，つまり性格をきめるのである．

発達と性格形成

子供は単純であって内に感じたことをそのまま表出する．幼児，児童の精神構造の特質はその未分化性にあるといわれる．生れてまもなくの赤ん坊は内的感情と身体運動とは不可分であり，幼児は太陽や樹木も人と同じように目や鼻があるように知覚する．成長するにつれて生物と無生物を識別し，先生が必ずしも万能者でないことを知り，考えとは異ることを口に出したりするようになる．このような発達と分化ということは位相的には Fig. 6 に示すように考えられる．すなわち分化の進行ということは，人の領域がどれ程多くの部分領域によって成っているかに対応するが，ここで重要なことは分化が進行するばあいにも前の状態と無関係に分化してゆくものではなく，古くからある特性（領域間の構造）は大体においてそのまま残り，これまで未分化であった一つの部分領域が更にいくつかの部分領域に分れるという形で進行し，このとき古くからある境界は，その境界の力学的強さがますます強くなるという傾向がある．Fig. 6-b において太線で示された境界は，Fig. 6-a に示してあるような幼児期の性格をきめていた境界なのである．成長してから Fig. 6-b のような性格構造にはなってはいても，感情的内部緊張などで人格の内部に強い力が働いたときは，この古い境界がものを言うようになるのである．三つ児の魂百までとか，性格の基礎は幼児期までに形成されるとかいわれる事実は以上のように考えることができる．もし成長した後において，その人の基本的性格が変るということがあるとすれば，それはその人の内部に何か強い力が働いてその境界が破壊され，新しい構造が組織されることを意味する（Fig. 6-c)．

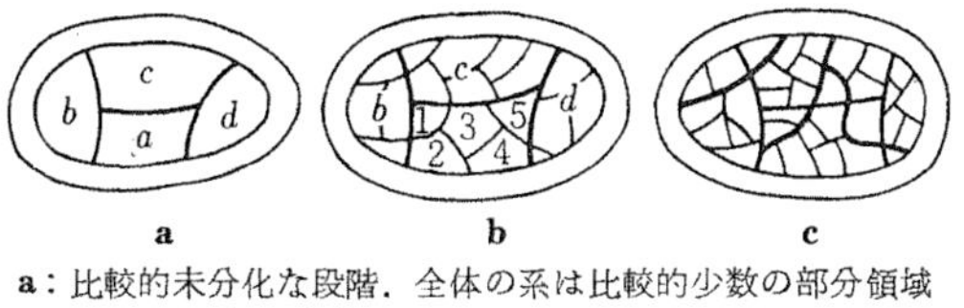

a：比較的未分化な段階．全体の系は比較的少数の部分領域（a, b, c, d）からなる．
b：同じ個人の発達後の状態．前の a の領域は更に 1, 2, 3, 4, 5 の部分領域に分化している．新しい領域の間は古い領域の境界に比べて弱い境界で区切られており，もし人の内部に強い力が働けば古い構造がものを言うようになる（退行）．
c：基本構造の変化．古い境界よりも，新しい境界の方が強力になったばあいである．

Fig. 6　性格の発達・退行（レビン）

境界の強さと性格の硬さ

人の領域間の境界の力学的強さということを述べたが，この境界が硬いということは隣接する領域間の交通が困難であることを意味する．ある人の性格構造が Fig. 7 に示すような領域の配列をもっているとしても，その境界の強さが Fig. 7-a のように弱いばあいと Fig. 7-b のように強いばあいとではどのようなちがいがあるであろうか．性格とは問題に対する対処の仕方の型であり，かつその独自の対処の仕方は領域の構造のあり方によるということをのべたが，その諸領域間の境界が強いということは，どのような問題事態にあってもその人のきまりきった対処の仕方をする，いわば頑固な，硬い性格であり，これに対してその境界が弱いということは状況によっては領域間の組織がえも起りやすいという，いわば柔軟な性格を意味する．

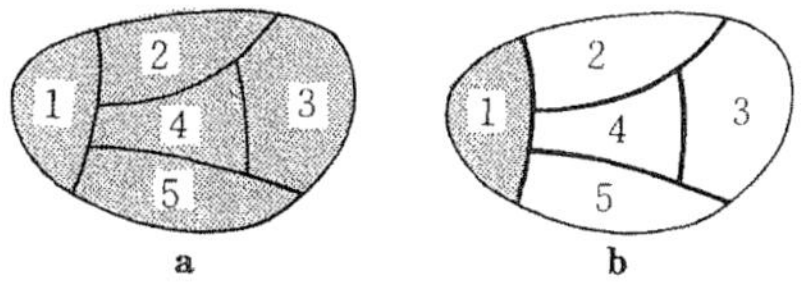

a, b ともに同一の分化度と構造をもっているが，b の方が領域間の境界は強い．b のばあいはある領域の状態変化が他の領域に影響することが少い．機能的には a の方が統一がとれているといえるであろう．

Fig. 7　性格の硬さ（レビン）

性格と緊張

同じ人でも感情的に昂ぶったりすると理性を失って大声を出したり，不覚にも手を出したりするが，これはどういう風に理解されるであろうか．

平静なときには自分の考えのかなりつっこんだ内部までも打ちあけて他の人に話しているような人でも，一旦何かのひょうしに防衛的になるともうその人に近づくこ

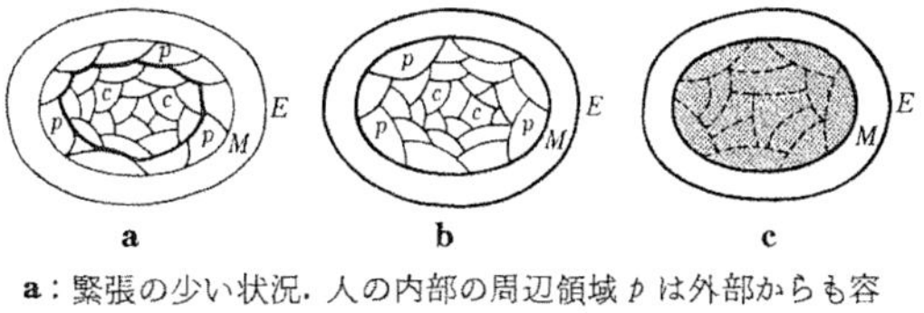

a：緊張の少い状況．人の内部の周辺領域 p は外部からも容易に達することができる．しかし中心部には達しにくい．
b：緊張状況．人の内部に外から達することができにくくなる．内部の p 領域と c 領域の結合が強まる．
c：非常に強い緊張状況．人の内部が未分化の状態に退行する．

Fig. 8　種々の状況下における人の内部の成層化（レビン）

とができなくなり，いわゆるとりつく島もないという状態になる．この状況は Fig. 8-a と Fig. 8-b の状況として考えられる．つまり平静なときは，人の領域間の境界はかなり内部の方まで弱く，容易にはたから近づくことを許したものであるが，防衛的になったばあいにはその人の一番外側に強い境界ができ他の人を一切近づけないようになる．いわゆる殻を閉ざすいう事態である．さらにその人の緊張が強くなるとこれまでその人の中に分化していた多くの領域の境界が破れて未分化の状態になり，内部の感情的行動が直接表面に出てくる．つまりヒステリーなどの行動様式の退行といわれるものである (Fig. 8-c).

以上レビンの位相心理学について，その構想と内容のいくつかを断片的に紹介した．ここに示した環境の位相と人の位相とはレビン心理学のほんの一部の紹介であって，位相心理学を体系的にこの紙面に記すことは私の能力の及ぶところでなかった．それにしてもレビンの仕事そのものは心理学を精密科学とすることを意図するものであって，その概念と方法のエラボレーションのために位相心理学を樹立し，体系化を行ったものであることをつけ加えておこう．

II 集団構造の位相

これまでに紹介したレビンの位相心理学は研究方法論とか概念形成というかなり抽象的なレベルで位相の考えを用いたものであった．つぎにもっと具体的なリサーチに位相数学を用いたものを紹介しよう．

本誌の第1巻第4号に筆者が紹介したグラフ理論 (4) はまさに心理学における位相的方法そのものであるが，これについては再びここで詳しく述べることは省略するが，要するに点集合とその要素である点の間を結ぶ線分によってなる図形に関し，その結合性，到達性，連結性，分離性などの体系化を試みたもので，心理学研究では特に小集団の研究においてその図形を集団構造の模型として用いられる．つまりグループのメンバーを点集合に対応させ，メンバー間の心理学的関係（コミュニケーション，好ききらい，勢力関係など）を対応する点の間を結ぶ線分に対応させ，このようにして集団の構造的特質を写像したグラフをつくり，それに論理的展開を加えるのである（グラフ理論については文献 1, 3, 4, 5, 6 参照).

さて筆者はさきに，集団の「まとまり」を数量化する一つの方法として位相的方法を発表したので，これを紹介させていただいて読者のかたがたのご批判を得たいと思う．ここで「まとまり」というのはその集団が全体として，ある次元についてどの程度統一がとれているかと

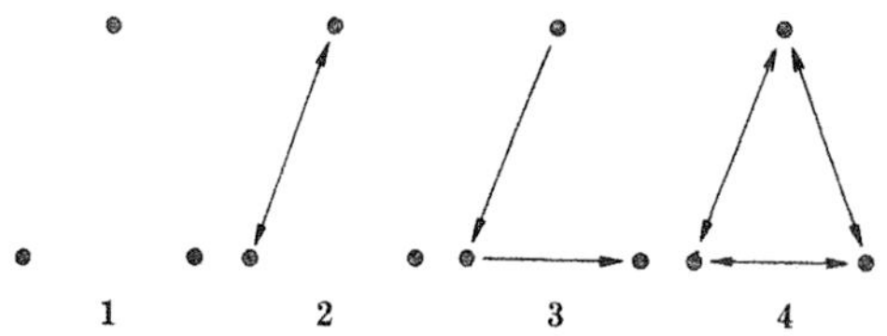

Fig. 9 三人集団の構造例

いうことを示すものである．たとえば Fig. 9 は3人からなるグループをあらわすもので，ここでは「a は b の意見に同調する」という関係を $a \to b$ と表わしているものとしよう．Fig. 9 では直観的にも明らかなように1では意見について全くバラバラであるが4では全く統一されている．この両極は明らかであるが，その中間的な構造（たとえば2や3）をそのまとまりについて一定の規準で尺度化するにはどうしたらよいであろうか．この

第 1 表
3人集団のばあいの構造強度値 I の計算

部分集合	構								造							
	A	B	C	D	E	F	G	H	I	J	K	L	M	N	O	P
ϕ	1	1	1	1	1	1	1	1	1	1	1	1	1	1	1	1
a	1	0	0	1	0	0	0	0	0	0	0	0	0	0	0	0
b	1	1	1	0	0	1	1	0	0	0	0	0	0	0	0	0
c	1	1	1	0	1	0	0	1	0	1	0	0	0	0	0	0
$a\ b$	1	1	0	1	1	1	0	0	1	0	1	0	0	0	0	0
$a\ c$	1	0	0	1	0	0	0	0	0	0	0	0	0	0	0	0
$b\ c$	1	1	1	0	0	0	1	0	0	0	0	0	0	0	0	0
$a\ b\ c$	1	1	1	1	1	1	1	1	1	1	1	1	1	1	1	1
N_c	8	6	5	5	4	4	4	3	3	3	3	2	2	2	2	2
$I=(8-N_c)$	0	2	3	3	4	4	4	5	5	5	5	6	6	6	6	6

問題について筆者が提出した方法はつぎのようなものである．まずその集合のすべての部分集合を記入した第1表のような表をつくる（第1表の左にすべての部分集合を記入してある）．そして統一度を測定しようとする構造について，その部分集合の一つ一つについてつぎのような規準でそれを「1」と「0」とに分類する．

部分集合を「1」か「0」かに分類する規準

その部分集合の中に，関係の始点（たとえば $a \to b$ というとき a を関係の始点，b を終点という）をふくんでおり，かつその関係の終点の少くとも1つが，その部分集合に属する点以外の点であるとき，その部分集合を「0」と分類し，「0」以外の部分集合を「1」とする．1例をあげよう．Fig. 10 の構造についてみてみよう．3点 a, b, c よりなる集合の部分集合のうち，たとえば $\{a, b\}$ という部分集合はその中に始点をふくみ（a, b ともに始点）かつ関係 $b \to c$ の終点 c は $\{a, b\}$ の中にふくまれないから規準により $\{a, b\}$ は0である．このようにして，この構造については $\{a\}, \{b\}, \{a, b\}, \{a, c\}, \{b, c\}$ が0であり，残る $\{\ \}$, $\{c\}, \{a, b, c\}$ が1である．このようにして3点よりなる構造のすべて（Fig. 11 に示してある）について，その部分集合を0と1とに分類したものが，第1表である．部分集合は全部で8個であり，したがって1である部分集合の最大個数は8，最小は2（全空間と空集合）である．ここで1である部分集合の個数を N_c とするとき $I=(8-N_c)$ をもって，その構造の**極度値**とする．第1表の最下行に各構造の I の値を示し，Fig. 11 は I の値によって3人集団のすべての構造を分類したものである．

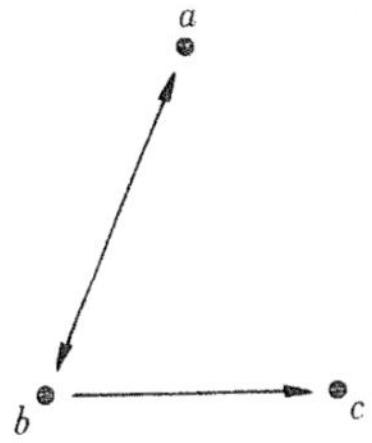

Fig. 10

さてこの方法の根拠となった1と0の分類法はどのような根拠をもつものであろうか．実はこの規準はつぎのような位相空間を定義する4つの公理を満足するように定められたものである．

1. その集合の要素全部からなる集合（この例では $\{a, b, c\}$）は1である．
2. 「1」である部分集合の和はまた「1」である．
3. 「1」である部分集合の積（共通部分）はまた「1」である．
4. 空集合は「1」である．

つまりこれまで「1」と記してきた部分集合は，この位相空間の公理にしたがって定義された閉集合であり，集合を位相空間として考えてゆくことを意味する．直観的には「1」である部分集合とは関係（矢印つきの線で示される）の到達性について「閉じた」集合であるということができよう．（この方法についての詳細は文献 (2) 参照）

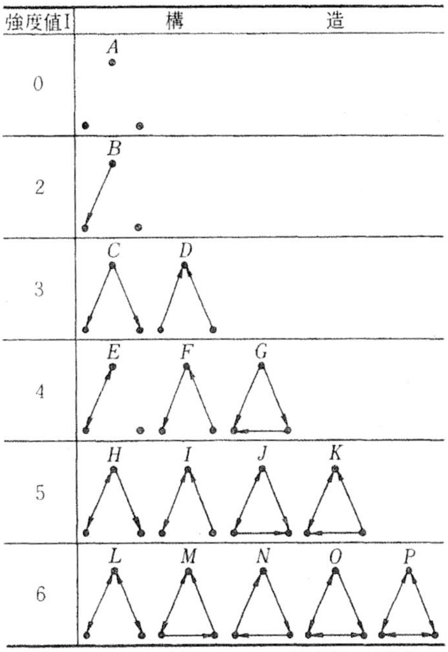

Fig. 11　3人集団のすべての構造型の強度値

III　集団の研究における位相的方法の今後の可能性

人の近傍と分離公理

集団内における対人関係の構造を測定する方法として古くからソシオメトリーという方法が用いられてきた．これはたとえば「あなたの会社の課の中の人で，あいさつをするのみにとどまらず身の上話までしたいと思う人は誰ですか」というような質問に回答させ，その結果によって対人関係のグラフやマトリックスを作り，分析するものである．ここで上例の「あいさつをする」「身の上話をする」というような対人関係は対人的**距離**を規定するものである．親密度が高いということは対人的距離が小さいことである．A 氏と B 氏との間柄が「あいさつをする」にとどまるばあいと「身の上話をしたい」と思う間柄であるばあいとでは後者の方が対人的距離は小さい．さてこのような具体的な質問（距離の指示）によって，たとえば「身の上話をしたい」相手として A 氏が回答した人々の全体は，A という人からの距離が指定の距離以内にある人の集合とみることができる．この考えは集合論における**近傍**の概念に対応するであろう．「あいさつをする」という距離を d_1,「身の上話をしたい」という距離を d_2 とするならば，人 P の d_1 近傍は P があいさつをする人々の全体であり，d_2 近傍とは P が身の上話をしたいと思う人々の全体である．このばあい d_2 近傍は d_1 近傍に含まれるであろう．あさいつき合いしかもたない人のばあいには d_1 近傍に含まれる人は多いが d_2 近傍に含まれる人が少いということになろう．従来からソシオメトリーの資料をグラフやマトリックスで分析することは行われてきたが，このような近傍の概念を用いて分析することも可能であり有用と考えられる．

さらに対人関係の緊密さの度合を概念的に分析するためにつぎに記すように分離公理を適用することができるとも思われる．

A さんと B さんとの対人関係について考察するとき A さんは「**どんなときにも** B さんのことを忘れることはない」し，**また** B さんにしても「**どんなときにも** A さんのことを忘れることはない」という相思相愛の間柄は不可分の状態であって，このことをいいかえるならば，**A の如何なる近傍にも B が含まれ，かつ B の如何なる近傍にも A が含まれる**という状態である．「たとえ火の中，水の中……」という唄の文句があるが，お互のどのような近傍の中にも相手が存在するということで，分離という観点からは最も遠いものであろう．さてこのような見方から分離の度合を規定してゆくにあたって位相数学の分離公理の考え方が適用されるように思われる．**T_0 分離：2者 A, B についてそのいずれかの近傍で他を含まないものが存在する**．A のどのような心理的世界の中にも B のことが存在するが，B にとっては A が含まれないような世界もあるというような関係で，片想い的である．**T_1 分離：2者 A, B について A の近傍で B を含まないもの，および B の近傍で A を含まないものが存在する**．お互いに相手のことが存在しない生活領域もあるという分離度である．新婚時代は非分離であったものが，時の経過にしたがって T_0, T_1 というような状態になるのかもしれない．さらに分離が進むと T_2 分離となる．**T_2 分離：2者 A, B について A の近傍 Va と B の近傍 Vb において $Va \cap Vb = \phi$，つまり，交わらないような近傍が存在する**．相手そのものが自己の世界の中に含まれない（T_1）というにとどまらないで，相手の生活と自己の生活と共通しない局面が存在するという段階である．

さてここに示したのは対人関係の分離ということを論理的に分析するにあたって近傍の概念を用いながら位相数学の分離公理の考え方が適用できるであろうという筆者の試論であった．もともと対人関係場面の心理学的特性を記述・分析するため，これまでソシオメトリーによってグラフやマトリックスを用いた研究が行われてきたが，はじめにも述べたように，もともと対人関係場面は直観的意味において位相的特性をもつものであって，その論拠から位相数学が概念的用具として有用であろうというのが筆者の意見である．

以上記してきた考えは，心理学的現象と数学的体系とのかなり直観的な対応をもとにしたもので，その理論化にあたっては今後さらにエラボレーションを必要とする面が多々あると思うが（たとえば心理学的距離の概念），このような点についても読者からのご意見やご示唆があおげれば幸いだと思う．

おわりに

以上心理学と位相について，まずレビンによる位相心理学についての概略を，2，3の例をあげながら紹介した．レビンの構想は私どもの生活する心理学的世界（生活空間）や行動そのもの（生活空間の変化）が位相的特性をもっているという発想から，行動の科学的理解のための概念的用具として位相数学を適用しようとするものであった．後半においてはもっと具体的な研究として，集団の研究にたずさわっている筆者の立場から，人間の集団を数学的集合，さらに位相空間と考え，集団構造を位相数学的に分析する方法を紹介させていただき，おわりに試論として，対人関係の分離・結合の状況を近傍の概念を用いながら分離公理を適用することの可能性について述べた．今後，このような心理学研究の領域における位相数学の適用について読者の方々からのご意見や，ご助力をいただくことができれば幸である．

文　献

1. Berge, C. The theory of graphs and its applications. Wiley & Sons (N. Y.), 1964.
2. 狩野素朗　“成員強化値”測定試論．教育・社会心理学研究，1966, 6, 37-48.
3. 狩野素朗　最近におけるグラフ論的研究の概観．教育・社会心理学研究，1968, 8, 57-75.
4. 狩野素朗　集団の構造模型．現代数学，1968, 1, No. 4, 12-19.
5. Harary, F., & Norman, R. Z. Graph theory as a mathematical model in social science. Edwards Brothers (Michigan), 1953.
6. Harary, F., Norman, R. Z., & Cartwright, D. Structural models. Wiley & Sons (N. Y.), 1965.
7. Lewin, K. Principles of topological psychology. McGraw-Hill, 1936.
8. Shelly, M. W. A topological approach to the measurment of social phenomena. in “Mathematical methods in small group processes.” Stanford University Press, 1962.

（かの　そろう　九州大）

位相とその周辺

稲葉三男

1. 位相ということば

位相ということばは，大学の数学科の学生には，魅(み)力と魔(ま)力とをもっているらしい．カリキュラムの中に位相と名づけられるものがないと，肩身がせまいらしい．位相と名づけられた講義を聞くと，なんとなく新しい数学をやっていると考えるらしい．数学科の学生や先生にとっては，位相ということばは，いまさら説明もいらない，明白なものと思われているようである．しかし，数学以外の人びとからは，位相とはどんなものかと質問されることがある．このような質問には，どう答えたらよいか，簡単にはいえない．心理学では，かなり前から位相をとりいれているし，体質医学でも，位相という用語が用いられている，と聞かされている．質問者がなにを専門にしているのかも確かめなければならない．あるいは，家相や手相と関連づけているのかもしれない．

位相という日本語は，英語の Topology の訳語である．しかし，**トポロジー**というと，位相ということばよりも幅のある内容を含んでいる．それは，「位相数学」をも意味している．「位相数学」ということばは，日本数学会の分科会名にも使われている．その中味は，位相解析（関数解析）と位相幾何にわかれている．この分野だけが位相に関連をもっているのかというと，そうではない．大ていの分野で位相を用いている．要するに，「位相数学」ということばは，偶然的なあいまいなものである．

数学の学術論文を要約紹介する学術雑誌 Mathematical Reviews（アメリカ）の論文の分類をみると，10年ごとに変わっていて，なかなかおもしろい．

1948年には（関係分のみあげる）
　関数解析（位相解析）
　トポロジー
　幾何学
1958年には（関係分のみあげる）
　位相的・代数的構造
　　位相群
　　リー群と代数系
　　位相線形空間
　　バナッハ空間，バナッハ代数，ヒルベルト空間
　トポロジー
　　一般トポロジー
　　代数的トポロジー
　幾何学
1968年には（関係分のみあげる）
　関数解析（位相解析）

　幾何学
　凸集合と幾何学的不等式
　微分幾何学
　一般トポロジー
　トポロジーと多様体の幾何学

位相（トポロジー）が他の分科といっしょになったり，分裂したり，離合のはげしさは国際政局に似ておもしろい．それだけに簡単に規定するわけにはゆかないであろう．

トポロジーということばは，1847年に刊行されたリスティング（J. B. Listing）の Vorstudien zur Topologie（トポロジーの基礎的研究）にはじまるといわれる．Topology（Topologie）はギリシヤ語の τοπος (topos 場所，位置）と λογος (logos 論理）とからつくられた語である．この語の使われる以前には，ラテン語の Analysis situs（位置解析）が古くはライプニッツ（G.W.F. Leibniz）によって，少しく異なった意味に用いられたことから，リーマン（G. F. B. Riemann）によって今日の意味に用いられた．ガウス（C. F. Gauss）は Geometria situs（位置幾何学）という語を用いたが，実際には Analysis situs が定語になって，1920年代までは，著書・論文に用いられた．その後は，このことばは

姿を消して，もっぱら Topology だけが用いられるようになっている．

2. トポロジーの生いたち

位相というアイデアは根源的なもので，古くから発生していたようである．文献のはっきりしているところでは，17 世紀のライプニッツやデカルト（R. Descartes）にも現われているようである．ライプニッツがトポロジーの最初の用語 Analysis situs の創始者であることは，すでに述べたとおりである．デカルトも次に述べるオイラー（L. Euler）の定理をすでに1860年に未発表の断片で述べている．

18 世紀には，いろいろな具体的問題が提出された．その一つは，ケーニヒベルグの橋の問題である．東ドイツのケーニヒベルグの町は，新プレーゲル川と旧プレーゲ

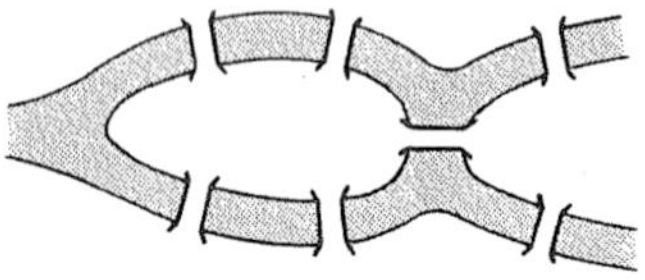

ドイツ，ケーニヒベルグ

ル川とが合流してプレーゲル川となる地点にある．その合流点に一つの島がある．川の南北の両岸から島への橋が二つずつあり，新旧両プレーゲル川の間にはさまれた東側の地域から，島およびプレーゲル川の南北の両岸への一つずつの橋がある．ケーニヒベルグの町を歩いて，どの橋もちょうど一回ずつわたるようにすることができるか，という問題が提出される．これはオイラーによって解かれた．これはわが国でよく知られた一筆書きと同値である．

オイラー

オイラーが1752年に証明したといわれる**オイラーの多面体定理**というものがある．多面体の頂点，稜，面の個数をそれぞれ $\alpha_0, \alpha_1, \alpha_2$ とすると，関係式 $\alpha_0-\alpha_1+\alpha_2=2$ が成り立つ．これは球面上を有限個の部分に分割した場合にも同じ公式が成り立つ．

これらの問題に関連して，19 世紀には，4 色問題というものが提出された．それは，球面上または平面上の地図を色分けするには何色が必要十分であるかということである．この問題がはっきりした意味をもつためには，(i) どの国も一つの連結した領域とする．連結した海領域も一つの国とする．(ii) 境界線で隣り合う 2 国は異なった色でぬることにし，点だけで隣り合う 2 国は同じ色としてよい．このような条件をつけておくことにする．4 色で十分であろうと推測されるけれど，完全な証明はいまだになされていない．

上の諸問題に共通していることは，線の長さ，面の大きさ，角の大きさに関係しないということである．それどころか，これらの大きさを連続的に変化させても，得られている性質は保存されるのである．このように計量に関係しない図形の性質を研究するのが Analysis situs である．ふつうの初等幾何学は**計量幾何学**ともいうべきであろう．

これまでの研究は個々特殊的なものであったが，これを系統的研究にまで高めたのはリーマンで，その意味でリーマンはトポロジーの創始者とも考えられている．彼は，1851 年の学位論文で，関数論の概念の幾何学的意味づけということから，面の相互関係を研究し始めた．これは後に**リーマン面**として研究されるにいたっている．リーマンの もう一つの 重大な 特色は， 彼の画期的論文「幾何学の基礎をなす仮説について」に現われている．この論文は，ロバチェフスキー・ボリヤイ（N. I. Lobatchevski, J. Bolyai）の非ユークリッド幾何学とは異なったもう一つの非ユークリッド幾何学の創始として重要なものであるが，n 次元多様体――今日の n 次元空間――の概念を導入した点において，幾何学研究の領域の拡大として革新的である．n 次元空間については，すでに 1844 年および 1861 年の「広量論」において，グラスマン（H. Grassmann）が n 次元ベクトルを導入している．デカルト以来，平面および立体空間に座標を導入した，空間の解析化の成果であるとみられるであろう．あるいは，いいかえると，抽象的な空間概念の構成が完成に向いつつあることが一つの大きなモーメントであろう．

3. トポロジーの二つの側面

リーマンの後に続いて，たくさんの研究がなされてきたが，ポアンカレ（H. Poincaré）とカントール（G. Cantor）の二人がトポロジーの建設者としてあげられる．ポアンカレはオイラーの研究をさらに系統的にし，n 次元多様体にまで拡張した．カントールは，よく知られているように，集合論の創始者であるが，幾何学的図形を点の集合としてとらえ，いわゆる「点集合論」を展開したことは，画期的な方向を与えたものとみられるであろう．

トポロジーの研究には二つの方向が見出される．その一つは，ポアンカレの後に続いて，デーンとヘーガルト（M. Dehn, P. Heegaard）の「数学百科事典」Analysis

ポアンカレ

カントール

situs (1907)，ブェブレン (O. Veblen) の Analysis situs (1921)，アレクサンダー (J. W. Alexander) の論文，レフシェツ (S. Lefschetz) の Analysis situs と「代数的幾何」(1924) および「トポロジー」(1930)，ザイフェルト・トレルファル (H. Seifert, W. Threlfall) の「トポロジー教科書」(1934) はポアンカレの方向の研究を示すものである．この方向のものを**代数的・組合せ論的トポロジー**という．これに対して，もう一つの方向は，カントールによって開拓された点集合論的な方向で，シェンフリース (A. Schoenflies) の「点集合論」(1908)，ハウスドルフ (F. Hausdorff) の「集合論綱要」(1914)，フレーシェ (M. Fréchet) の「抽象空間」(1928)，メンガー (K. Menger) の「次元論」(1928) および「曲線論」(1932)，クラトウスキー (C. Kuratowski) の「トポロジー」I (1933) などは，カントールの方向の研究を示すものである．この方向のものを**集合論的トポロジー**という．

これら二つの方向は，ほとんど無関係に発達してきたものであった．それで，アレサンドロフ (P. Alexandroff) とホッフ (H. Hopf) の二人は，「トポロジー」I (1935) という，およそ650ページにわたる大著を著わして，その序文で次のように述べている．

「しかし，上にあげた著書はいずれも，トポロジーを一つの統一体として取り扱っていない．むしろ，各書ともこの学問の一部門が徹底的に述べられているにすぎない．

このように，今日にいたるまでトポロジーを一つの全体としてとらえることはなされていないが，このようなとらえ方が本書の基礎となって，3巻の書物となるつもりである．われわれは，トポロジーの集合論的側面も組合せ論的側面も，いずれをも優先させようとはしない．われわれは，集合論的方法と組合せ論的方法とに分離することを原則として廃棄する．むしろ，このような分離を克服することをもって，トポロジーの今後の発展に直面する最も重要な方法論的課題の一つとして，われわれは考える．そして，われわれは，本書においてもこの課題の解決のために，なしうる限りの貢献をしたい．

われわれは，本書の3巻で「全トポロジー」ganze Topologie についての概念を与えようという目標を立てるものでは決してなくて，読者が「一つの統一体としてのトポロジー」Topologie als einem Ganzen の概念を得るのに手助けしようとするものである．トポロジーのいろいろの「部分」のうちで，この学問にさらに深入りするに必要欠くべからざるもの，それ以上の発展に決定的であると思われるもの，他の数学や近接領域への応用や関係にとって特に重要であるものなどを述べることによって，「統一体」としての概念を芽生えさせうると期待するのである．」

しかし，この大著の第2巻，第3巻はいまだに出版されていない．おそらく，著者たちの異常な努力をこえて，トポロジーは多彩な発達をとげつつあるのであろう．こういうわけで，トポロジーとは何かと問われても，簡単に答えられないというのも，あながち筆者の不勉強のせいばかりではない．

4. 位相の共通の場面

統一体としてのトポロジーの概念は望みが達せられなくとも，共通の理解の場面は拡大しつつある．われわれの話題を現実的にするために，例えば，レフシェッツの「トポロジー」(1930) の緒論を引用しよう．トポロジーとは，連続的な変換によって不変な空間または幾何学的図形の性質に関する研究である，とされている．オイラーの取り扱った問題や4色問題はまさにトポロジーに属することは明らかである．

トポロジーをこのように規定しても，上に述べた歴史的な展開からみても，さらに深く掘り下げる必要が感ぜられるのである．第一に，空間または幾何学的図形とは何かということである．第二に，連続的な変換とは正確にはどのように規定されるかということである．

第一の問題として，空間および図形を平面または立体空間およびその中の図形に限定することは許されなくなっている．グラスマンやリーマンにおいては，すでに n 次元空間が自由に取り扱われている．そこで，空間および図形は「点」とよばれるものの集合として規定される．n 次元空間 R^n は，n 個の数の順序づけられた組 $(x_1, x_2, \cdots, x_n)$ の全体の集合であり，組 $(x_1, x_2, \cdots, x_n)$ はこの空間 R^n の点とよばれる．$x_1, x_2, \cdots, x_n$ の間にある関係が成り立つような点 $(x_1, x_2, \cdots, x_n)$ の集合はこの関係によって定義される図形である．

第二の問題として，図形 A が図形 B に変換されるとは，正確にいうと，A の各点 x に B の点 y が1対1に対応することで，この対応を f とすると，写像

$$f: A \longrightarrow B$$

が1対1であることである．連続的に変換されるとは，正確にいうと，1対1の写像 f とともに逆写像

$$f^{-1}: B \longrightarrow A$$

が連続であることである．このとき，写像 f は**同相**または**位相写像**であるという．結局，トポロジーとは，位相写像によって不変な図形（集合）の性質に関する研究であるということができる．

ところで，写像の連続は「近接」の概念に基づいている．したがって，n 次元空間 R^n における「近接」の概念は何によって規定されるか．その一つとしては，**距離** ρ を導入することである．例えば，n 次元空間 R^n の2点を

$$x=(x_1, x_2, \cdots, x_n), \qquad y=(y_1, y_2, \cdots, y_n)$$

とするとき，2点 x, y の間の距離を

$$\rho(x, y)=\sqrt{\sum_{i=1}^{n}|x_i-y_i|^2}$$

によって与えてもよい．このように，距離 ρ を導入することをもって，集合 R^n を**距離づける**という．

距離によって**近傍**が導入される．近傍の導入によっても「近接」の概念が規定される．近傍によって，点集合の**内点**が定義される．内点のみからなる集合として**開集合**が定義される．逆に，開集合が与えられると，近傍が定義され，したがって，「近接」の概念が規定される．そこで，集合 X において，開集合の全体 $\mathfrak{O}$ が与えられると，それによって「近接」，したがって，写像の連続が定義される．このとき，開集合の全体 $\mathfrak{O}$ を**位相**といい，集合 X はこの位相 $\mathfrak{O}$ をもった**位相空間**といい，または，集合 X は $\mathfrak{O}$ 位相によって**位相づけられる**ともいう．距離や近傍を導入することも一種の位相づけである．

抽象的な空間は，上に述べたような n 次元空間 R^n ばかりではない．例えば，閉区間 $[a, b]$ で定義された連続関数 $x(t)$ の全体を**関数空間** $C[a, b]$ という．この空間にもいろいろな位相を導入することができる．このようにして，トポロジーの対象は無制限に拡大されてゆく．しかし，ここではもはや，初期の Analysis situs 時代に考えれたような幾何学的図形のみが問題ではなく，解析学の問題が幾何学的用語で表現され，関数のある集合に位相づけして，研究する分野が展開されているのである．このような解析学の分野は「関数解析」とよばれる．この用語は，初学者にその内容とは異なったイメージを与える恐れがあるが，英語の Functional analysis の直訳である．functional は function の形容詞ではなく，「汎関数」の意味の名詞である．「汎関数」は，例えば，関数空間 $C[a, b]$ を定義域とし，実数（または複素数）を関数値とする写像で，アダマール（J. Hadamard）の命名である．「関数解析」はまた「位相解析」ともよばれている．

5. ふたたび位相とはなにか

われわれは，位相とは何かという質問には答えにくいといういいわけも述べたが，それとともに位相の限りない展開のすがたをも述べて，いくらかでも位相のムードを浮きぼりにしえたことと思う．すでに述べたように，位相は Topology の訳語であるが，位相すなわち Topology というわけにはゆかない．Topology には「位相数学」というわかったような，わからないような訳語も対応している．日本数学会の「位相数学」という分科会は，「位相解析」と「位相幾何」の合体のようである．またある大学の「位相数学」という講義題目の内容説明をみると，集合，実数の集合，数列の収束，バナッハ空間，ヒルベルト空間などが並べてあるが，これは「位相解析」といったほうがやや適切であろう．おそらく，「位相数学」という看板だけでは見当もつかないことであろう．ところが，古い大学の講義題目を見ると，位相という名のついたものが見当らない．事情を聞いてみると，いくつかある解析学のある講義で，位相解析入門を内容にしているとのことである．してみると，「位相幾何」は幾何学のある講義の中でなされているのであろう．これも一つの行き方であろう．

日本数学会編「数学辞典」(岩波書店）では，「位相幾何」(Topology）としてある．それもよいであろうが，「位相幾何」と題してある単行本は，一般位相よりも幾何的内容に重点をおいてある．外国で，General topology または Topology という表題の単行本は位相の共通場面を述べているのが多いようである．要するに，位相と名のついたものは，内容目次でもよく見ないと，見当ちがいすることであろう．いずこの世界も同じこと，新しそうなレッテルのついたものは，レッテルだけでとびつくと，とんでもない損をするおそれがある．

（いなば　みつお　熊本大）

70年代の数学教育と学習指導要領

中　原　克　巳

去る5月6日，当初の予想よりかなり遅れて，文部省は高校の新学習指導要領の中間案を発表した．新聞報道によれば，文部省はこれに対する教育現場などの意見をきいた上で，9月に正式の学習指導要領として告示する予定であり，それにもとづいて高校教育の形態や中身が実際に変わり出すのは，昭和48年度からであるとのことである．消息通の情報としては，この中間案は本年1月に出るとのことであったが，「高校紛争」の影響(？)で作成が遅れたとも聞く．

本誌はいわゆる「教育誌」ではなく，したがって，読者の大部分は「教育関係者」ではないにもかかわらず，学習指導要領をとり上げる意味はどこにあるのか，を依頼をうけるに際して，また，執筆をはじめるにあたってくり返し反問してみた．

私などのような現場教師にとって指導要領はどういう意味をもっているのか．また，学生（生徒・児童）にとってはどうか．さらに，これら以外の「一般国民」にとってはどうか．……と．

確定された学習指導要領は，最終的には，検定「教科書」として，教育現場にもちこまれ，その拘束下に具体的な「教育」が展開されるしくみになっている．

高校生たちにとって，「数学」とは教科書に記述され，教師によって教授されるものであって，教室外で，あるいは，さらに「大学」教育で学ぶ機会をもたない限り，彼らの数学像はこの範囲において形成される．実際，高校生たちに，「数学とは」と問うてみれば，彼らのうけた数学教育の実態を知ることができるだろう．

その意味で，数学教育をふくめて高校教育がどのように変わろうとしているかを知り，批判・検討することは，その変わり方が，今後の社会に生きて，それを支え，推進していく若い力である高校生の人間形成に及ぼす影響を考えるならば，直接の「教育関係者」でない一般国民にとっても主体的な問題であるはずである．

このように考え，できるだけ仲間ことばを用いないで，標題についての見解を述べることにした．

1.　改訂の背景と経過

新指導要領案は，教育課程審議会が，昨年9月，「高校教育課程の改善について」という答申を坂田文相に提出したものに具体的な肉づけをしたものであり，その構想はすでにこの答申において明らかにされている．

すなわち，答申の「第1　改善の基本方針」前文において，「教育課程の改善を図る必要」に迫られた要因として，

① 進学率の上昇
② それにともなう生徒の能力・適性・進路などの著しい多様化
③ 科学・技術の高度な発達，経済・社会・文化などの急激な進展と日本の国際的地位の変化

をあげ，これに応える「改善の方途」を，高校教育の現状の省察と将来に対する広い展望に立って，

① 高校教育のめざす理想的人間像の形成を「科学的認識・道徳的実践力・情操・体力」の「調和のとれた発達」におき，調和の統一的視点を「国家および社会の有為な形成者としての必要な資質の育成」に求める
② ①の視点から，資質の異なる生徒の現状と「科学・技術・経済・社会・文化の進展」に即応するように
(イ) 教科・科目内容の質的改善と基本的事項の精選集約
(ロ) 選択制の拡大，すなわち「生徒の能力・適性・進路，男女の特性，地域・学校の実態」に応じた「教育課程の弾力的編成」を類型の細分化として示す

こととして提起した．

これは，私たちのことばでいいかえれば，①は，「全教育の道徳教育化」（調和の統一点を道徳に求める）であり，教育基本法第一条（教育の目的）からことさらに「平和的な」を削除した「国家および社会の形成者」としての道徳性を強制し，高校教育の原理的指針を小・中

・高・大を通じた国益的基準に求め,「愛国心教育」として特徴づけられるねらいをもっており,②は,①の原理的指針をふまえつつ,高校教育全体を「差別と選別の労働力再編成機関」として性格づけるねらいをもっている,ものと評価される.

このような答申文は,一項一項をとり出してみれば,もっともらしいことばが羅列してあり,一体どうなるのかを読みとることがむずかしいのが通例である.

教育課程の改訂の背景には,教育政策が大きく作用している.昭和27年,当時の天野文相によってその諮問機関として誕生した中央教育審議会は,現在第9期中教審(森戸辰男会長)が第25特別委(初等中等教育)・第26特別委(大学教育)を設け,第8期中教審がまとめた「わが国の教育発展の分析評価と今後の検討課題」(明治百年の教育白書と通称)と題する中間報告をひきついで,初等・中等・高等教育の改革構想をまとめつつあり,5月28日には中間答申(26)・試案(25)を発表した.中教審の性格として,答申すれば実行されるという著しい特徴があり,実質的なわが国の教育政策の決定機関であることに注意しておきたい.

今回の一連の小・中・高校の教育課程改訂に先立って,41年10月に,「期待される人間像」「後期中等教育のあり方について」が中教審によって答申されたが,前者は現代版「教育勅語」としてはげしい批判をうけたことはまだ記憶に新しいし,後者は高校教育の多様化を明確に方向づけるものであった.

さらに,このような「教育改革」の推進力として,日経連に代表される資本の代弁者が中教審の有力な構成者であることを記しておく必要があろう.近くは,昨年8月3日夜,混乱のうちに強行可決された「大学の運営に関する臨時措置法」の原案にあたる「当面する大学教育の課題に対応するための方策について」の中教審答申(昨年4月)は,2月の日経連大学部会の「当面する大学問題に対する基本的態度」と瓜二つのものであること,にその姿をみることができる.

総じて,サンフランシスコ講和以後の日米安保体制における教育政策は,憲法・教育基本法のめざす方向に背を向け,「労働力政策」に従属する形で進められてきたし,今回の教育課程改訂はその本質をはっきり国民の前に明らかにしたと考えられる.

2. 70年代の数学教育と新学習指導要領

戦後のわが国の教育課程は,ほぼ10年ごとに改訂されてきている.現行の高校指導要領は昭和35年に改訂され,38年から実施に移されたものであり,今回の改訂案は,このような歴史的経過から考えると,「70年代の高校数学教育」の内容を決定づけるものになる.

「数学」を焦点として改訂案をみるとき,ここには重大な問題点が大きく分けて2つある.

1つは,教育課程審議会の答申の「改善の具体方針」の第2に,「能力・適性・進路等に応じて履習することができるようにする」ために,在来の科目の他に“やさしい教科”として「数学一般」を新設し,必修科目を「数学一般」または「数学I」の1科目としたこと,さらに数学の履習を中心に全日制普通科の編成例を6類型に分けて示したことである.ここに,“多様化”の具体的な形がある.“やさしい教科”を設けた科目としては,数学の他に理科(「基礎理科」),英語(「初級英語」)がある.

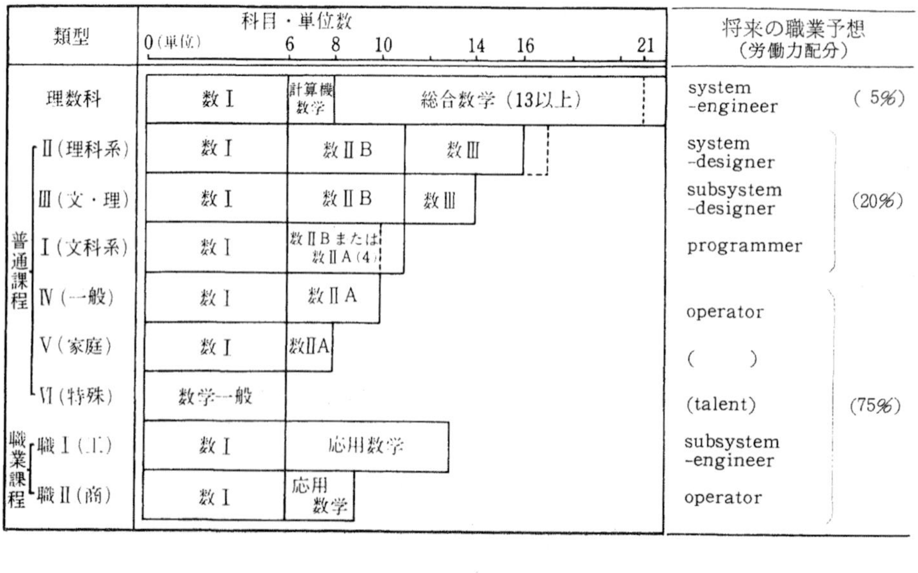

類型
科目・単位数
0(単位) 6 8 10 14 16 21
将来の職業予想
(労働力配分)
理数科
数I
計算機数学
総合数学(13以上)
普通課程
II(理科系)
数I
数IIB
数III
III(文・理)
数I
数IIB
数III
I(文科系)
数I
数IIBまたは数IIA(4)
IV(一般)
数I
数IIA
V(家庭)
数I
数IIA
VI(特殊)
数学一般
職業課程
職I(工)
数I
応用数学
職II(商)
数I
応用数学
system -engineer
(5%)
system -designer
subsystem -designer
programmer
(20%)
operator
( )
(talent)
(75%)
subsystem -engineer
operator

今回の指導要領案の内容とあわせ考えると，図のような類型（コース）とそれに見合った数学の科目選択および将来の職業予想（労働力配分）を描くことができる．

とくに問題とすべきは，今回の改訂の主眼が，普通課程の多様化と普通科目の内容変更におかれ，必修科目・単位数の削減（現行の2/3程度）によってその多様化が進められようとしていることである．しかも，その積極的な根拠となる説明は何もないこと，つまり，高校教育の多様化という至上命題にもとづいてなりふりかまわず必修科目を減らしたとしか考えようがない．

必修科目を設定する根拠として「これからの日本国民が将来の進路のいかんにかかわりなく一人前の人間として共通に身につけるべき教養の最少必要基準」（宮原誠一「青年期の教育」）という問題視点や，中等教育における分化の問題について「しだいに分化の時期をおくらせる方向が中等教育の民主的性質を豊かにするものとして各国で指向されていること，また職業教育と一般教育の結合，とくに科学・技術の進歩にふさわしく，職業教育の質的向上のためにも一般教育の深化・拡充が各国でまじめに論及されている」（木下春雄「高校教育課程をめぐって」）という認識は全くうかがえない．

2つには，「新しい観点から内容を質的に改善すること」が具体方針の第1にかかげられており，今回の改訂案にそれがどのように具体化されているかである．

伝えきくところによると，大野調査官は，「高校数学の改善について」の中心議題は第2の「科目構成」であった（京都府数学教育会資料）とのことであり，編成例によれば，新教育課程のもとで，中学校からの進学の際に，従来の普通課程・職業課程への選別に加えて，普通課程の単位履習について高校入学時に乗りかえのきかない類型選択が強いられることになる．しかも，その基準が，「学力」に求められることは明らかであり，それも数学の学力がものさしになるとすれば私たちにとって問題は深刻である．そうとすれば，私たちは高校数学の内容に止まらず，小・中学校の数学教育にも目を向けざるを得なくなる．

私は，10余年来，民間教育団体の一員として，小学校から高校まで一貫したすじ道の教育を求めて歩んできた．そして，その中で「数学とは何か」「何故数学を教えるのか」について模索しつづけてきた．この問に対する答として，私たちの仲間である山口昌哉氏は次のように述べている．（「数学教室」（国土社）本年6月号参照）数学はエジプトやギリシャからはじまった一つの伝統＝現実の世界にあるいろいろな量や形を人間が観察・使用して，その中から万人に共通に認められる法則をつかみ出して，思考の形成として固定したその積み上げである．この伝統は固定したものと考えてはいけないし，また本当に固定してしまったものでもなく，現実が動いているように，この数学の伝統もその内容を変化させながら動いている．要約すれば，数学とは，

1）現実の量や形から導き出されたものである．
2）その結果としての思考の形式であって，ここに個々の人間がもつ構想が働いているにもかかわらず，万人に共通に認識できるものである．

このような数学を教えることによって，世界共通の伝統に参加することができるし，結果として，数学の本質が量や形から出てきたものとして実際に役に立つ．このような立場から，すべてのこどもに正しい科学を与えるという数学教育の現代化が民間教育団体によって提唱されたのは，すでに10年前のことである．

ところが，今回の改訂にいう「現代化」が，上のようなはっきりした数学観にもとづくものではなく，明治以

	中学校		
	1　年	2　年	3　年
数と式	初等整数論 正負の数 近似値 1次式の加減 方程式と不等式 1元1次方程式	数の集合の構造 文字式の四則 1元1次不等式 2元1次方程式	平方根 （拡大体$Q(\sqrt{2})$ 1次式の乗法 因数分解 2次方程式 2元1次不等式
図形	基本的な平面図形・空間図形とその関連 図形の移動 三角形の合同 作図	変換 相似	三平方の定理 円(位相)
関数	関数の定義と式 グラフと座標	記号f 1次関数 変化の割合 (平均変化率)	$y=ax^2$, ax^3 変化の割合
確率・統計	記述統計 (度数分布・平均・ヒストグラム)	確率 (定義，順列組合せ・計算・期待値)	記述統計 (分散・相関) 推測統計 (サンプリング)
集合・論理	集合の演算と類別 論理語($\wedge,\vee,\rightarrow$) (記号を用いない) 推論方法	論証の意義 命題の真偽と証明 仮定と結論	直接証明法と間接証明法

問題点

1. 代数の否定(多項式，有理式が消滅した)
2. 解析の否定(有限集合の写像中心)
3. 幾何の否定(図形の調和的性質強調，空間概念の欠如)
4. 考え方，態度主義(数学の見方，考え方強調)
5. 筆記，科学，技術とのつながり削除
6. 能力別編成

来の体制＝数学の固定的・絶対的な傾向をきりはなして強調し，学問としての数学と初等中等教育としての数学をきりはなしてきた，をそのままにして，産業社会の要求にもとづく技術革新に見合った「人づくり」をめざしていることは，学問としても，教育としても破綻することが今から予言できる．その理由は，学問自身の現代的あり方（学問としての教育と教育としての数学を統一すること）と矛盾しており，産業社会の要求にも応えることができない内容と体系にならざるを得ないことにある．

紙数の関係上，新指導要領の中学校・高等学校の内容は表に示し，読者の判断にまつに止めよう．

小学校算数は，悪名高い「割合理論」が後退し，「集合・関数・確率」が「現代化の風潮」を反映して登場した．生活主義にとって代って「数学的考え方」が強調されるが，内容は乏しい．革新的と評価できるのは，代数の導入と空間の概念の導入である．

ところが，中学校は，小学校の「進歩」をひきもどし，退歩と虚飾の反現代化と評される内容のものとなった．しかも，高校の多様化の前提として，２年以降「能力別編成」が内容の複線化として準備されていること，選別手段（？）として１年に履習内容が偏っていることに注目したい．

さらに，小・中・高を通じて，目標から生活とのかかわり，科学・技術との関係が削除されたことは，数学と他の科学との断絶をもたらす危険を感じさせられる．

総じて，小学校から高校に至る「70年代の数学教育」は，ふれこみに反して，正統な内容づけを欠いた「考え方，態度」の強調という科学と教育の切りはなしに，その第１の特色があることは，わが国の将来に大きな危惧を感ずる．さらに，社会科などにおける極端な国家主義への傾斜をあわせ考えるとき，その危惧はいっそう強まる．読者が教育に対して深い関心を寄せられるよう希望する次第である．

（なかはら　かつみ）

	高等学校				
	数学一般	数 I	数 II A	数 II B	数 III
代数・幾何	ベクトルの意味・演算 行列の意味・演算 L.P ３角比	実数体，多項式環 有理式体，２次方程式 因数分解，２次不等式 絶対不等式 ２次元ベクトル 平面図形と式 （直線，円，$Ax^2+By^2=1$）	行列（2×2） （$A\pm B$，Ak，AB） １次変換	２項定理 有限数列 初等幾何（公理的） ３次元ベクトル，行列 （$A\pm B$，Ak，AB） 連立１次方程式（A^{-1}） １次変換（行列群）	
解析	$y=ax^2+bx+c$ の微分	写像（意味・合成・逆写像） ２次関数，分数関数 ３角関数（３角比）	整関数（４次まで）の微積分	整関数の範囲の微積分	数列の極限 初等関数の微積分 $\frac{dy}{dx}=ky$
確率	簡単な事象の確率 標本調査	確率とその基本法則 事象の独立 試行の独立	確率分布 推定		確率分布 （$E(X)$，$V(x)$） ２項分布 正規分布 推定，検定
集合・論理	集合演算 １対１対応 $_nP_r$，$_nC_r$． 命題演算 逆，裏，対偶	真理集合 集合演算（直積） 命題演算 $\forall xP(x)$，$\exists xP(x)$		数学的帰納法 帰納的定義	
計算機	計算機の機能 フローチャート		計算機の機能 フローチャート		

1. 有限数学への傾斜（ベクトル・行列，写像，確率，集合・論理，計算機）
2. 線型代数の否定（解析幾何の相対的衰弱と初等幾何の復活）
3. 解析の否定（三角化の復活と指数的変化法則の脱落）
4. 複素数体の消滅（解析と線型代数の紐帯を断ち切る）
5. 実利主義（中学校のそろばん復活との類似性をもつ計算機利用の強調）
6. 理数科のエリート教育としての位置づけ（創造的な能力を高めることを目標）

微分幾何学序説

安藤洋美

① ベクトル値実関数の微分と積分

$\boldsymbol{R} \xrightarrow{\ \boldsymbol{f}\ } \boldsymbol{R}^m$ を閉区間 $[a, b]$ で定義された関数

$$\boldsymbol{f}(t)=\begin{pmatrix} f_1(t) \\ \vdots \\ f_m(t) \end{pmatrix}$$

で，おのおのの座標関数は $[a, b]$ で微分可能とするとき，$\boldsymbol{f}(t)$ を t で微分せよということは

$$D\boldsymbol{f}(t)=\begin{pmatrix} Df_1(t) \\ \vdots \\ Df_m(t) \end{pmatrix} \quad \text{で，その結果を} \quad \boldsymbol{f}'(t)=\begin{pmatrix} f_1'(t) \\ \vdots \\ f_m'(t) \end{pmatrix} \tag{1}$$

で表わす．またこのとき，$\boldsymbol{f}(t)$ は $[a, b]$ で微分可能であるという．

例 1

① $\boldsymbol{f}(t)=\begin{pmatrix} t \\ t^2 \\ t^3 \end{pmatrix}$ ならば $\boldsymbol{f}'(t)=\begin{pmatrix} 1 \\ 2t \\ 3t^2 \end{pmatrix}$

② $\boldsymbol{f}(t)=\begin{pmatrix} \cos t \\ \sin t \\ t \end{pmatrix}$ ならば $\boldsymbol{f}'(t)=\begin{pmatrix} -\sin t \\ \cos t \\ 1 \end{pmatrix}$

（定理 1） $\boldsymbol{f}(t), \boldsymbol{g}(t)$ を区間 $[a, b]$ で定義されたベクトル値実関数，$h(t)$ を区間 $[a, b]$ で定義された実数値実関数とする．$\boldsymbol{f}(t), \boldsymbol{g}(t), h(t)$ いずれも $[a, b]$ で微分可能とするとき

(1) $D\{\boldsymbol{f}(t)+\boldsymbol{g}(t)\}=D\boldsymbol{f}(t)+D\boldsymbol{g}(t)$

(2) $D\{\boldsymbol{f}(t)\boldsymbol{g}(t)\}=\{D\boldsymbol{f}(t)\}\boldsymbol{g}(t)+\boldsymbol{f}(t)\{D\boldsymbol{g}(t)\}$

(3) $D\{\boldsymbol{f}(t)h(t)\}=\{D\boldsymbol{f}(t)\}h(t)+\boldsymbol{f}(t)\{Dh(t)\}$

(4) $D_t\{\boldsymbol{f}(h(t))\}=D_h\boldsymbol{f}(h)\ D_t h(t)$

（証明） (2) のみ証明する．

$$\boldsymbol{f}(t)\boldsymbol{g}(t)=\sum_{i=1}^{m} f_i(t)g_i(t)$$

$$\begin{aligned} D\{\boldsymbol{f}(t)\boldsymbol{g}(t)\} &=\sum_{i=1}^{m} D\{f_i(t)g_i(t)\} \\ &=\sum_{i=1}^{m} \{f_i'(t)g_i(t)+f_i(t)g_i'(t)\} \\ &=\sum_{i=1}^{m} f_i'(t)g_i(t)+\sum_{i=1}^{m} f_i(t)g_i'(t) \\ &=\boldsymbol{f}'(t)\boldsymbol{g}(t)+\boldsymbol{f}(t)\boldsymbol{g}'(t)=\text{右辺} \end{aligned}$$

問 1 （定理 1）の (1), (3), (4) を証明せよ．

問 2 c を定数，$\boldsymbol{f}(t)$ をベクトル値実関数で，$[a, b]$ で微分可能とするとき

$$D\{c\boldsymbol{f}(t)\}=cD\boldsymbol{f}(t)$$

であることを証明せよ．

問 3 $\boldsymbol{f}(t)$ がベクトル値実関数，ある区間で微分可能で，$\boldsymbol{0}$ にならないものとするとき

(1)　$\boldsymbol{f}(t)\boldsymbol{f}'(t)=\|\boldsymbol{f}(t)\|\,D\|\boldsymbol{f}(t)\|$

(2)　$\boldsymbol{f}(t)\boldsymbol{f}'(t)=0$　である場合に限り，$\|\boldsymbol{f}(t)\|$ は定数

であることを証明せよ．

$D\boldsymbol{f}(t)=\boldsymbol{f}'(t)$ を

$$\frac{d\boldsymbol{f}(t)}{dt}=\begin{pmatrix}\dfrac{df_1(t)}{dt}\\ \vdots\\ \dfrac{df_m(t)}{dt}\end{pmatrix}$$

とかく．$\dfrac{df_1}{dt},\cdots,\dfrac{df_m}{dt}$ は，この講義の3回目（1969年8月号）で講じた通り，$\boldsymbol{f}(t)=\boldsymbol{y}$ で表わされる曲線の上の任意の点における各座標軸方向の局所正比例の定数である．そこで

$$\frac{d\boldsymbol{f}(t)}{dt}dt=\begin{pmatrix}\dfrac{df_1(t)}{dt}\\ \vdots\\ \dfrac{df_m(t)}{dt}\end{pmatrix}dt=\begin{pmatrix}\dfrac{df_1(t)}{dt}dt\\ \vdots\\ \dfrac{df_m(t)}{dt}dt\end{pmatrix}$$

より

$$d\boldsymbol{f}(t)=\begin{pmatrix}df_1(t)\\ \vdots\\ df_m(t)\end{pmatrix}=\boldsymbol{f}'(t)dt \tag{2}$$

をうる．$d\boldsymbol{f}(t)$ を $\boldsymbol{f}(t)$ の微分という．

（定理2）（定理1）と同じ条件のもとで

(1)　$d\{\boldsymbol{f}(t)+\boldsymbol{g}(t)\}=d\boldsymbol{f}(t)+d\boldsymbol{g}(t)$　　（関数の和の微分）

(2)　$d\{\boldsymbol{f}(h(t))\}=\boldsymbol{f}'(h)\,dh(t)$　　（合成関数の微分）

である．

$\boldsymbol{R}\xrightarrow{\boldsymbol{F}}\boldsymbol{R}^m$ であるベクトル値実関数 $\boldsymbol{F}$ があって，区間 $[a,b]$ 上で

$$D\boldsymbol{F}(t)=\boldsymbol{f}(t)$$

となるようなベクトル値実関数 $\boldsymbol{f}(t)$ があるとき，$\boldsymbol{F}$ を $\boldsymbol{f}$ の**原始関数**という．

（定理3） $\boldsymbol{f}$ の任意の原始関数 $\boldsymbol{G}$ は，1つの原始関数を $\boldsymbol{F}$ とすると

$$\boldsymbol{G}=\boldsymbol{F}+\boldsymbol{c},\qquad \boldsymbol{c}\text{ は定数ベクトル}$$

（証明）
$$\begin{aligned}d(\boldsymbol{G}-\boldsymbol{F})&=d\boldsymbol{G}-d\boldsymbol{F}\\&=\boldsymbol{f}dt-\boldsymbol{f}dt=\boldsymbol{0}\end{aligned}$$

$\boldsymbol{H}=\boldsymbol{G}-\boldsymbol{F}$ とおくと，$d\boldsymbol{H}=\boldsymbol{0}\,dt$ だから

$$\begin{aligned}\|\boldsymbol{H}(t_1)-\boldsymbol{H}(t_2)\|&=\sqrt{\sum_{i=1}^{m}|H_i(t_1)-H_i(t_2)|^2}\\&=0|t_1-t_2|=0\end{aligned}$$

すべての i について

$$H_i(t_1)=H_i(t_2)=\text{一定}$$

$$\therefore\qquad \boldsymbol{H}(t)=\boldsymbol{c}\qquad\text{(Q.E.D)}$$

この定理によって，定ベクトル差を無視すると，原始関数は一意的にきまる．それを

$$\int\boldsymbol{f}(t)dt$$

とかく．そして

$$d\boldsymbol{F}(t)=\boldsymbol{f}(t)dt$$

は成分に分けると

$$\begin{pmatrix} dF_1(t) \\ \vdots \\ dF_m(t) \end{pmatrix} = \begin{pmatrix} f_1(t)dt \\ \vdots \\ f_m(t)dt \end{pmatrix}$$

だから，

$$\int \boldsymbol{f}(t)dt = \begin{pmatrix} \int f_1(t)dt \\ \vdots \\ \int f_m(t)dt \end{pmatrix}$$

（**定理 4**） $\boldsymbol{f}(t), \boldsymbol{g}(t)$ を $\boldsymbol{R} \longrightarrow \boldsymbol{R}^m$ なるベクトル値実関数で，原始関数をもつとする．そのとき

(1) $\int \{\boldsymbol{f}(t)+\boldsymbol{g}(t)\}dt = \int \boldsymbol{f}(t)dt + \int \boldsymbol{g}(t)dt$

(2) $\int k\boldsymbol{f}(t)dt = k\int \boldsymbol{f}(t)dt$

また，$\boldsymbol{f}(t)$ が t について微分可能，$h(t)$ を微分可能な実数値実関数とするとき

(3) $\int h'(t)\boldsymbol{f}(t)dt = h(t)\boldsymbol{f}(t) - \int h(t)\boldsymbol{f}'(t)dt$ （部分積分法）

(4) $\int \boldsymbol{f}(h)dh = \int \boldsymbol{f}\{h(t)\}h'(t)dt$ （置換積分法）

問 4 （定理 4）を証明せよ．

問 5 $\boldsymbol{R} \xrightarrow{\ \boldsymbol{f}\ } \boldsymbol{R}^m$ を区間 $[a, b]$ の上で定義されている関数とする．区間 $[a, b]$ 上の $\boldsymbol{f}(t)$ の定積分を

$$\int_a^b \boldsymbol{f}(t)dt = \begin{pmatrix} \int_a^b f_1(t)dt \\ \vdots \\ \int_a^b f_m(t)dt \end{pmatrix}$$

によって定義する．そのとき

(1) $\int_a^b k\boldsymbol{f}(t)dt = k\int_a^b \boldsymbol{f}(t)dt$ （k は任意の実数）

(2) $\int_a^b \boldsymbol{k}\boldsymbol{f}(t)dt = \boldsymbol{k}\int_a^b \boldsymbol{f}(t)dt$ （$\boldsymbol{k}$ は任意の定数ベクトル）

(3) $\boldsymbol{f}(t)$ が $[a, b]$ で微分可能ならば

$$\int_a^b \boldsymbol{f}'(t)dt = \boldsymbol{f}(b) - \boldsymbol{f}(a)$$

(4) さらに $\boldsymbol{g}(t)$ も $\boldsymbol{R} \longrightarrow \boldsymbol{R}^m$ の関数で，$[a, b]$ 上で定義されているならば

$$\int_a^b \{\boldsymbol{f}(t)+\boldsymbol{g}(t)\}dt = \int_a^b \boldsymbol{f}(t)dt + \int_a^b \boldsymbol{g}(t)dt$$

(5) $\left\| \int_a^b \boldsymbol{f}(t)dt \right\| \leqq \int_a^b \|\boldsymbol{f}(t)\|dt$

であることを証明せよ．

問 6 (1) $0 \leqq t \leqq \dfrac{\pi}{2}$ に対して，$\boldsymbol{f}(t) = \begin{pmatrix} \cos t \\ \sin t \end{pmatrix}$ のとき，$\int_0^{\frac{\pi}{2}} \boldsymbol{f}(t)dt$ を求めよ．

(2) $0 \leqq t \leqq 1$ に対して，$\boldsymbol{f}(t) = \begin{pmatrix} t \\ t^2 \\ t^3 \end{pmatrix}$ のとき，$\int_0^1 \boldsymbol{f}(t)dt$ を求めよ．

(3) $\dfrac{d^2\boldsymbol{f}}{dt^2} = D(D\boldsymbol{f})$ ときめる．$\boldsymbol{f}(t) = \begin{pmatrix} 5t^2 \\ t \\ -t^3 \end{pmatrix}$ のとき，$\dfrac{d^2\boldsymbol{f}}{dt^2}$ を求めよ．

(4) $\dfrac{d^2\boldsymbol{f}}{dt^2} = \begin{pmatrix} 6t \\ -24t^2 \\ 4\sin t \end{pmatrix}$ のとき，$\boldsymbol{f}(t)$ を求めよ．ただし初期値は $\boldsymbol{f}(0) = \begin{pmatrix} 2 \\ 1 \\ 0 \end{pmatrix}$，$\dfrac{d\boldsymbol{f}(0)}{dt} = \begin{pmatrix} -1 \\ 0 \\ -3 \end{pmatrix}$

問 7　$\dfrac{d\boldsymbol{x}}{dt}+P(t)\boldsymbol{x}=\boldsymbol{Q}(t)$ を満たすベクトル値実関数 $\boldsymbol{x}$ は

$$\boldsymbol{x}=e^{-\int P dt}\left\{\int \boldsymbol{Q}e^{\int P dt}dt+\boldsymbol{c}\right\}$$

であることを示せ．ただし，$\boldsymbol{Q}(t)$ は x と同じ次元のベクトル関数，$\boldsymbol{c}$ は x と同じ次元の定数ベクトルである．

問 8　ベクトル値微分方程式

$$\frac{d^2\boldsymbol{x}}{dt^2}+a\frac{d\boldsymbol{x}}{dt}+b\boldsymbol{x}=\boldsymbol{0} \qquad (a,\ b \text{ は定数})$$

の解は，$\lambda^2+a\lambda+b=0$ の２根を $\alpha,\ \beta$ とするとき

$$\alpha\neq\beta \quad \text{ならば} \quad \boldsymbol{x}(t)=\boldsymbol{c}_1e^{\alpha t}+\boldsymbol{c}_2e^{\beta t}$$

$$\alpha=\beta \quad \text{ならば} \quad \boldsymbol{x}(t)=e^{\alpha t}(\boldsymbol{c}_1t+\boldsymbol{c}_2)$$

であることを証明せよ．ただし，$\boldsymbol{c}_1,\ \boldsymbol{c}_2$ は x と同じ次元の定数ベクトルである．

問 9　$x(t),\ y(t)$ を同じ次元の未知のベクトル値実関数とするとき

$$(1)\ \begin{cases}\dfrac{d\boldsymbol{x}}{dt}=-\boldsymbol{y}\\[2mm] \dfrac{d\boldsymbol{y}}{dt}=\boldsymbol{x}\end{cases} \qquad (2)\ \begin{cases}\dfrac{d\boldsymbol{x}}{dt}=\boldsymbol{y}\\[2mm] \dfrac{d\boldsymbol{y}}{dt}=\boldsymbol{x}\end{cases}$$

を解け．

②　接 線 と 法 線

ベクトル値実関数 $\boldsymbol{x}(t)$ の微分法の意味を幾何学的に考えてみよう．t を時間と考え，$\boldsymbol{x}(t)$ を位置ベクトルと考えると，$\boldsymbol{x}(t)$ の終点 P_t のえがく図形が曲線である．P_t の座標が $(x(t),\ y(t),\ z(t))$ ならば

$$\boldsymbol{x}(t)=\overrightarrow{\mathrm{OP}_t}=\begin{pmatrix}x(t)\\ y(t)\\ z(t)\end{pmatrix}$$

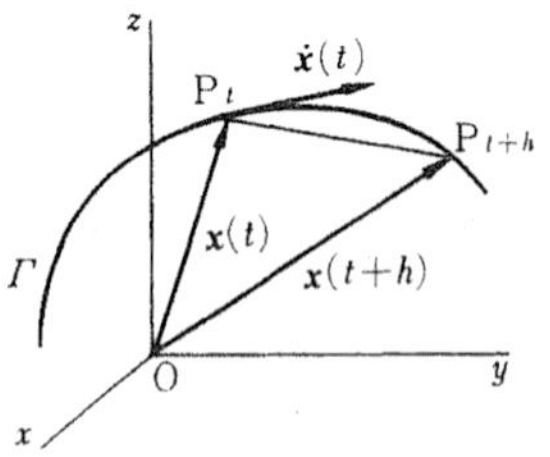

運動からパラメーターとしての時間を無視して曲線そのものを考えるとき，そこに多様体(１次元)の概念が生ずる．

なのである．(ここでは一般的な次元への拡張も考慮して，３次元空間で考えることにする) 各座標関数が t の動くある区間で連続であるとき，**連続曲線**，また $\mathbf{C}^k$ 級の関数のとき，$\mathbf{C}^k$ **級曲線**という．

Γ を $\mathbf{C}^k$ 級曲線 $(k\geqq1)$ とし，t を定義域内の実数とする．h を t の微小な増分とし，２点 $\mathrm{P}_t,\ \mathrm{P}_{t+h}$ を結ぶ直線の方向ベクトルは

$$\Delta\boldsymbol{x}(t)=\boldsymbol{x}(t+h)-\boldsymbol{x}(t)$$

もしくは $h\neq0$ ならば

$$\frac{\Delta\boldsymbol{x}(t)}{\Delta t}=\frac{\boldsymbol{x}(t+h)-\boldsymbol{x}(t)}{h}$$

である．$h\to0$ のときの極限 $d\boldsymbol{x}(t)/dt$ は，$\mathrm{P}_{t+h}\to\mathrm{P}_t$ のときの極限状態で生ずる直線，つまり Γ の P_t における**接線** (tangent) **の方向ベクトル**である．今後慣習によって，時間 t で微分したものを，$\dot{\boldsymbol{x}}(t)$ とかく．接線の方程式は，パラメーター λ を使って

$$\boldsymbol{X}=\boldsymbol{x}(t)+\dot{\boldsymbol{x}}(t)\lambda \tag{3}$$

もしくは，成分に分けると

$$\begin{cases}X=x(t)+\dot{x}(t)\lambda\\ Y=y(t)+\dot{y}(t)\lambda\\ Z=z(t)+\dot{z}(t)\lambda\end{cases} \tag{4}$$

もしくは

$$\frac{X-x(t)}{\dot{x}(t)}=\frac{Y-y(t)}{\dot{y}(t)}=\frac{Z-z(t)}{\dot{z}(t)} \tag{5}$$

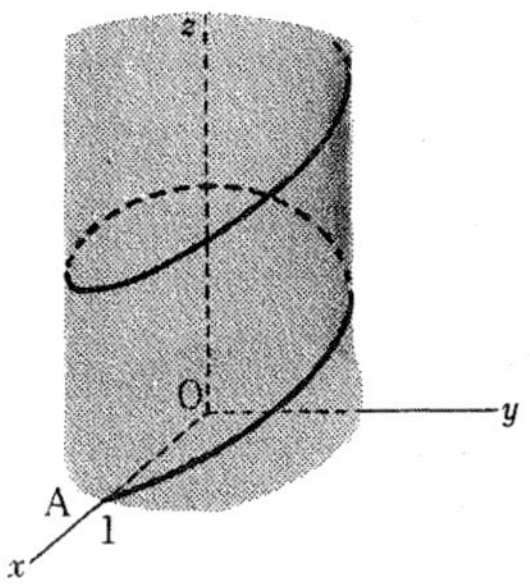

$\boldsymbol{x}(t)=\boldsymbol{0}$ のとき，すなわち

$\dot{x}(t)=\dot{y}(t)=\dot{z}(t)=0$

なる t の値に対して (5) は直線の方程式にならない．Γ が C^1 級曲線のとき，

$x^2(t)+y^2(t)+z^2(t)=0$ をみたす特異点では接線は定義されない．

例 2　螺線

$$\boldsymbol{x}(t)=\begin{pmatrix}\cos t\\ \sin t\\ t\end{pmatrix}$$

上の点 A(1, 0, 0) における接線の方程式は

$$\boldsymbol{X}=\boldsymbol{x}(0)+\dot{\boldsymbol{x}}(0)\lambda$$

$$\boldsymbol{X}=\begin{pmatrix}0\\1\\1\end{pmatrix}\lambda+\begin{pmatrix}1\\0\\0\end{pmatrix}$$

すなわち

$$X=1, \quad Y=Z$$

である．

問 10　与えられた曲線の接線のパラメーター方程式をかけ．

(1) $\boldsymbol{x}(t)=\begin{pmatrix}\cos 4t\\ \sin 4t\\ t\end{pmatrix}$, $t=\dfrac{\pi}{8}$　(2) $\boldsymbol{x}(t)=\begin{pmatrix}t\\ 2t\\ t^2\end{pmatrix}$, $t=1$　(3) $\boldsymbol{x}(t)=\begin{pmatrix}e^{3t}\\ e^{-3t}\\ 3\sqrt{2}\,t\end{pmatrix}$, $t=1$

問 11　曲線 $x=a\cos t$, $y=a\sin t$, $z=ct$ の接線は z 軸と定角をなすことを示せ．

問 12　曲線 $x=f(t)$, $y=g(t)$, $z=\int\sqrt{\dot{f}^2+\dot{g}^2}\,dt$ の接線は z 軸と定角をなすことを示せ．

問 13　2 曲線 $\boldsymbol{x}(t)=\begin{pmatrix}e^t\\ e^{2t}\\ 1-e^{-t}\end{pmatrix}$, $\boldsymbol{y}(t)=\begin{pmatrix}1-t\\ \cos t\\ \sin t\end{pmatrix}$ は点 (1, 1, 0) で交わることを示し，この点におけるそれらの接線の間の角を求めよ．

曲線を質点Pの運動の軌跡と考えると，$\dot{\boldsymbol{x}}(t)$ は**速度ベクトル** (velocity vector) である．また，速度ベクトル $\dot{\boldsymbol{x}}(t)$ が存在すれば

$$\left|\frac{\|\boldsymbol{x}(t+h)-\boldsymbol{x}(t)\|}{|h|}-\|\dot{\boldsymbol{x}}(t)\|\right|\leq\left\|\frac{\boldsymbol{x}(t+h)-\boldsymbol{x}(t)}{h}-\dot{\boldsymbol{x}}(t)\right\|$$

だから

$$\lim_{h\to 0}\frac{\|\boldsymbol{x}(t+h)-\boldsymbol{x}(t)\|}{|h|}=\|\dot{\boldsymbol{x}}(t)\|$$

となる．$\|\dot{\boldsymbol{x}}(t)\|$ は平均変位量の極限で，**速さ** (speed) である．力学では

$$\boldsymbol{v}(t)=\dot{\boldsymbol{x}}(t), \qquad v(t)=\|\dot{\boldsymbol{x}}(t)\| \tag{6}$$

とかくことがある．それで

$$\boldsymbol{t}=\frac{\boldsymbol{v}}{v} \tag{7}$$

は**接線単位ベクトル**という．また

$$\boldsymbol{a}=\frac{d\dot{\boldsymbol{x}}}{dt}=\ddot{\boldsymbol{x}}=\dot{\boldsymbol{v}} \tag{8}$$

を加速度ベクトル (acceleration vector) という．(7) を (8) に代入すると

$$\boldsymbol{a}=\frac{d(v\boldsymbol{t})}{dt}=\frac{dv}{dt}\boldsymbol{t}+v\dot{\boldsymbol{t}} \tag{9}$$

$$\boldsymbol{n}=\frac{\dot{\boldsymbol{t}}}{\|\dot{\boldsymbol{t}}\|} \tag{10}$$

とおくと，$\boldsymbol{n}$ は単位ベクトルである．また，$\|\boldsymbol{t}\|=1$ より $\boldsymbol{t}\dot{\boldsymbol{t}}=0$．よって

$$\boldsymbol{n}\boldsymbol{t}=0 \tag{11}$$

すなわち，$\boldsymbol{n}$ は接線方向と垂直な方向の単位ベクトルで，**主法線単位ベクトル** (principal normal unit vector) という．

ベクトル $\boldsymbol{t}=\begin{pmatrix} t_x \\ t_y \\ t_z \end{pmatrix}$, $\boldsymbol{n}=\begin{pmatrix} n_x \\ n_y \\ n_z \end{pmatrix}$ に対して

$$b_x=t_yn_z-t_zn_y=\begin{vmatrix} t_y & n_y \\ t_z & n_z \end{vmatrix},\quad b_y=t_zn_x-t_xn_z=-\begin{vmatrix} t_x & n_x \\ t_z & n_z \end{vmatrix},\quad b_z=t_xn_y-t_yn_x=\begin{vmatrix} t_x & n_x \\ t_y & n_y \end{vmatrix}$$

を各成分にもつようなベクトルを

$$\boldsymbol{b}=\boldsymbol{t}\times\boldsymbol{n} \tag{12}$$

とかき，$\boldsymbol{t}$ と $\boldsymbol{n}$ の**ベクトル積**（または**外積** outer product）という．

ベクトル積は3次元のベクトルに対してしか定義されない．

$$\boldsymbol{tb}=t_x(t_yn_z-t_zn_y)+t_y(t_zn_x-t_xn_z)+t_z(t_xn_y-t_yn_x)=0$$

同様にして，$\boldsymbol{nb}=0$ なることもいえるから，ベクトル $\boldsymbol{b}$ は $\boldsymbol{t}$ および $\boldsymbol{n}$（したがって，接線と法線によって作られる平面-接触平面）に垂直である．さらに

$$\begin{aligned}
\|\boldsymbol{b}\| &= \sqrt{(t_yn_z-t_zn_y)^2+(t_zn_x-t_xn_z)^2+(t_xn_y-t_yn_x)^2} \\
&= \sqrt{(t_x^2+t_y^2+t_z^2)(n_x^2+n_y^2+n_z^2)-(t_xn_x+t_yn_y+t_zn_z)^2} \\
&= \sqrt{\|\boldsymbol{t}\|^2\|\boldsymbol{n}\|^2-(\boldsymbol{tn})^2} \\
&= \sqrt{\|\boldsymbol{t}\|^2\|\boldsymbol{n}\|^2(1-\cos^2\theta)}=\|\boldsymbol{t}\|\,\|\boldsymbol{n}\|\sin\theta \qquad (\text{ただし } (\boldsymbol{t},\boldsymbol{n})=\theta) \\
&= 1 \qquad (\boldsymbol{t}\perp\boldsymbol{n} \text{ より})
\end{aligned}$$

$\boldsymbol{b}$ を**陪法線単位ベクトル** (binormal unit vector) という．

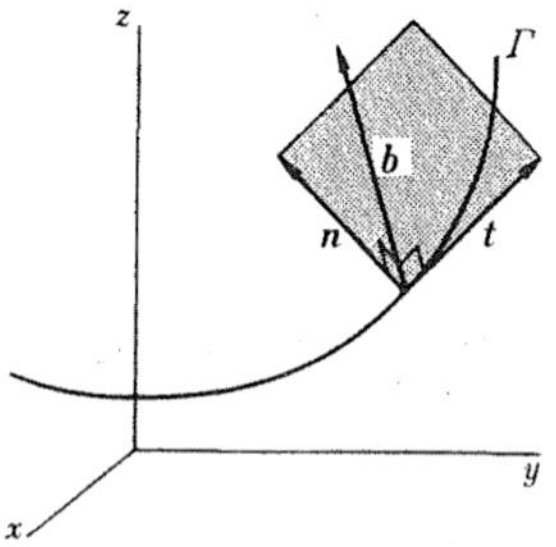

問14 3次元ベクトル $\boldsymbol{a}, \boldsymbol{b}, \boldsymbol{c}$ に対して

(1) $\boldsymbol{a}\times\boldsymbol{b}=-(\boldsymbol{b}\times\boldsymbol{a})$, $\quad\boldsymbol{a}\times\boldsymbol{a}=\boldsymbol{0}$

(2) $\boldsymbol{a}\times(\boldsymbol{b}+\boldsymbol{c})=\boldsymbol{a}\times\boldsymbol{b}+\boldsymbol{a}\times\boldsymbol{c}$

$(\boldsymbol{b}+\boldsymbol{c})\times\boldsymbol{a}=\boldsymbol{b}\times\boldsymbol{a}+\boldsymbol{c}\times\boldsymbol{a}$

(3) 任意の実数 k に対して

$(\boldsymbol{a}k)\times\boldsymbol{b}=(\boldsymbol{a}\times\boldsymbol{b})k=\boldsymbol{a}\times(\boldsymbol{b}k)$

(4) $(\boldsymbol{a}\times\boldsymbol{b})\times\boldsymbol{c}=(\boldsymbol{ac})\boldsymbol{b}-(\boldsymbol{bc})\boldsymbol{a}$

であることを証明せよ．

問15 $\quad\boldsymbol{i}=\begin{pmatrix} 1 \\ 0 \\ 0 \end{pmatrix}$, $\quad\boldsymbol{j}=\begin{pmatrix} 0 \\ 1 \\ 0 \end{pmatrix}$, $\quad\boldsymbol{k}=\begin{pmatrix} 0 \\ 0 \\ 1 \end{pmatrix}$ に対して

(1) $\boldsymbol{i}\times\boldsymbol{i}=\boldsymbol{j}\times\boldsymbol{j}=\boldsymbol{k}\times\boldsymbol{k}=\boldsymbol{0}$

(2) $\boldsymbol{j}\times\boldsymbol{k}=-\boldsymbol{k}\times\boldsymbol{j}=\boldsymbol{i}$, $\quad\boldsymbol{k}\times\boldsymbol{i}=-\boldsymbol{i}\times\boldsymbol{k}=\boldsymbol{j}$, $\quad\boldsymbol{i}\times\boldsymbol{j}=-\boldsymbol{j}\times\boldsymbol{i}=\boldsymbol{k}$

であることを証明せよ．

問16 $\boldsymbol{f}(t)$, $\boldsymbol{g}(t)$ を $\boldsymbol{R}\longrightarrow\boldsymbol{R}^3$ なるベクトル値実関数とするとき

(1) $D(\boldsymbol{f}\times\boldsymbol{g})=(D\boldsymbol{f})\times\boldsymbol{g}+\boldsymbol{f}\times(D\boldsymbol{g})$

(2) $D(\boldsymbol{f}\times\boldsymbol{f}')=\boldsymbol{f}\times\boldsymbol{f}''$

(3) $\displaystyle\int(\boldsymbol{f}\times\boldsymbol{g}')dt=\boldsymbol{f}\times\boldsymbol{g}-\int(\boldsymbol{f}'\times\boldsymbol{g})dt$

であることを証明せよ．

問17 曲線 $\Gamma: t\longmapsto\boldsymbol{x}(t)$ 上の点 P_t における主法線の方程式は

$$\frac{X-x(t)}{n_x}=\frac{Y-y(t)}{n_y}=\frac{Z-z(t)}{n_z}$$

であることを証明せよ．また，陪法線の方程式はどうか．

問18 螺線 $\quad\boldsymbol{x}(t)=\begin{pmatrix} a\cos t \\ a\sin t \\ bt \end{pmatrix}\qquad$ （ただし $a, b>0$）

上の任意の点における速度ベクトル，速さ，加速度ベクトル，主法線単位ベクトル，陪法線単位ベクトルを求めよ．

③ 曲線弧の長さ

曲線 Γ が $t \longmapsto \boldsymbol{f}(t)$ によって規定されているものとする．$\boldsymbol{f}(t)$ の定義域は，閉区間 $[a, b]$ とする．この定義域を細分して

$$\triangle: \quad a=t_0<t_1<t_2<\cdots<t_K=b$$

とする．$\boldsymbol{f}(t_k)$ $(k=0, 1, \cdots, K)$ なる点は Γ 上に存在することはいうまでもない．Γ に接する折れ線の長さは

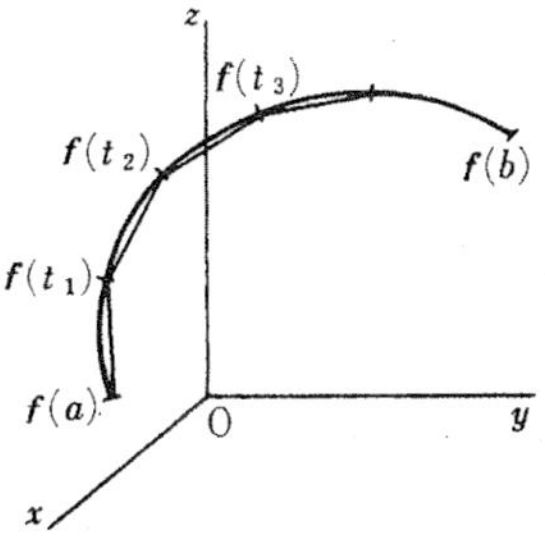

$$l_\triangle=\sum_{k=1}^{K}\|\boldsymbol{f}(t_k)-\boldsymbol{f}(t_{k-1})\|$$
$$=\sum_{k=1}^{K}\sqrt{\sum_{i=1}^{m}\{f_i(t_k)-f_i(t_{k-1})\}^2}$$

である．いま，もし各部分区間 $[t_{k-1}, t_k]$ 毎に，$\boldsymbol{f}(t)$ が C^1 級である（このとき，$\boldsymbol{f}(t)$ は区間毎に滑らか piecewise smooth という）ならば，Γ の長さは積分計算で求めることができる．

（**定理 5**）$[a, b]$ で定義された $\boldsymbol{R} \longrightarrow \boldsymbol{R}^m$ なる関数 $\boldsymbol{f}(t)$ が，区間毎に滑らかであるとする．そのとき $\boldsymbol{f}(a)$ から $\boldsymbol{f}(b)$ までの曲線弧の長さは

$$l=\int_a^b\|\boldsymbol{f}'(t)\|dt$$

である．

（証明）区間毎に滑らかであるから

$$\lim_{t_k \to t_{k-1}}\frac{\boldsymbol{f}(t_k)-\boldsymbol{f}(t_{k-1})}{t_k-t_{k-1}}=\boldsymbol{f}'(t_{k-1})$$
$$\boldsymbol{f}(t_k)-\boldsymbol{f}(t_{k-1})=(t_k-t_{k-1})\{\boldsymbol{f}'(t_{k-1})+\boldsymbol{\varepsilon}_k\}$$

ただし，
$$\lim_{t_k \to t_{k-1}}\boldsymbol{\varepsilon}_k=\boldsymbol{0}$$

かくして

$$l_\triangle=\sum_{k=1}^{K}\|\boldsymbol{f}(t_k)-\boldsymbol{f}(t_{k-1})\|$$

とおくと

$$\sum_{k=1}^{K}\{\|\boldsymbol{f}'(t_{k-1})\|-\|\boldsymbol{\varepsilon}_k\|\}(t_k-t_{k-1}) \leqq l_\triangle \leqq \sum_{k=1}^{K}\{\|\boldsymbol{f}'(t_{k-1})\|+\|\boldsymbol{\varepsilon}_k\|\}(t_k-t_{k-1})$$

$\boldsymbol{f}'(t)$ は連続だから，$\|\boldsymbol{f}'(t)\|$ も連続，かつ $\|\triangle\|=\max_{1\leqq k\leqq K}(t_k-t_{k-1})$ とおくと

$$\lim_{\|\triangle\|\to 0}\sum_{k=1}^{K}\|\boldsymbol{f}'(t_{k-1})\|(t_k-t_{k-1})=\int_a^b\|\boldsymbol{f}'(t)\|dt$$

よって

$$\lim_{\|\triangle\|\to 0} l_\triangle=\int_a^b\|\boldsymbol{f}'(t)\|dt \tag{13}$$

$\|\boldsymbol{f}'(t)\|dt=\sqrt{f_1'^2+\cdots+f_m'^2}\,dt$ を**線素** (line element) という．

例 3　螺線　$\boldsymbol{x}(t)=\begin{pmatrix}\cos t\\ \sin t\\ t\end{pmatrix}$ の $0\leqq t\leqq 1$ の間の長さは

$$l=\int_0^1\sqrt{(-\sin t)^2+(\cos t)^2+1}\,dt=\sqrt{2}$$

例 4　$\boldsymbol{R} \longrightarrow \boldsymbol{R}$ の関数で，$y=f(x)$ の形にかける曲線は，x をパラメーターとすると，

$$\boldsymbol{g}(x)=\begin{pmatrix}x\\ f(x)\end{pmatrix}$$

とかける．もし $f(x)$ が C^1 級の関数ならば，$a \leqq x \leqq b$ における曲線弧の長さは

$$l=\int_a^b \sqrt{1+\{f'(x)\}^2}\,dx$$

である．

問19 (問10) で与えた曲線の次の区間に対する長さを求めよ．

(1) $0 \leqq t \leqq \frac{\pi}{8}$　　(2) $1 \leqq t \leqq 3$　　(3) $0 \leqq t \leqq \frac{1}{3}$

問20 曲線 $x=2a(\sin^{-1} t+t\sqrt{1-t^2})$，$y=2at^2$，$z=4at$ の点 $t=t_1$ から点 $t=t_2$ までの間の弧長 l を求めよ．

④ Serret-Frenet の公式 (曲線論における基本公式)

Joseph Alfred Serret (セレー) (1819-1885), F. Frenet (フルネ)

曲線論では，パラメーターとして t の代りに，弧長 s をとる．曲線 Γ : $t \longmapsto \boldsymbol{x}(t)$ に対して

$$\frac{d\boldsymbol{x}}{ds}=\boldsymbol{x}', \qquad \frac{d^2\boldsymbol{x}}{ds^2}=\boldsymbol{x}''$$

とかく．合成関数の微分法によって

$$\boldsymbol{x}'=\dot{\boldsymbol{x}}\frac{dt}{ds}, \qquad \frac{ds}{dt}=\sqrt{\dot{x}^2+\dot{y}^2+\dot{z}^2}=v$$

より

$$\boldsymbol{x}'=\frac{\dot{\boldsymbol{x}}}{v}=\boldsymbol{t}$$

$$\frac{d\boldsymbol{t}}{ds}=\frac{d\boldsymbol{x}'}{ds}=\boldsymbol{x}''$$

一方

$$\boldsymbol{n}=\frac{\dot{\boldsymbol{t}}}{\|\dot{\boldsymbol{t}}\|}=\frac{\boldsymbol{t}'}{\|\boldsymbol{t}'\|}=\frac{\boldsymbol{x}''}{\|\boldsymbol{x}''\|}$$

したがって，$\frac{d\boldsymbol{t}}{ds}$ は $\boldsymbol{n}$ に平行である．

$$\therefore \quad \frac{d\boldsymbol{t}}{ds}=\lambda\boldsymbol{n} \tag{14}$$

陪法線単位ベクトルについて考えると，$\frac{d\boldsymbol{b}}{ds}=\boldsymbol{b}'$ とおく．$\|\boldsymbol{b}\|=1$ より

$$\boldsymbol{b}\boldsymbol{b}'=0$$

つまり

$$\boldsymbol{b}' \perp \boldsymbol{b} \tag{15}$$

また，$\boldsymbol{b}=\boldsymbol{t}\times\boldsymbol{n}$ を s について微分すると

$$\boldsymbol{b}'=\boldsymbol{t}'\times\boldsymbol{n}+\boldsymbol{t}\times\boldsymbol{n}'$$

$$\underset{(14)}{=}(\lambda\boldsymbol{n})\times\boldsymbol{n}+\boldsymbol{t}\times\boldsymbol{n}'=\boldsymbol{t}\times\boldsymbol{n}'$$

$$\boldsymbol{b}' \perp \boldsymbol{t} \tag{16}$$

(15) (16) より，　$\boldsymbol{b}' \parallel \boldsymbol{b}\times\boldsymbol{t}$

$$\therefore \quad \frac{d\boldsymbol{b}}{ds}=-\mu\boldsymbol{n} \quad (\mu \text{ の前の符号はそうきめる}) \tag{17}$$

主法線単位ベクトルについて考えると，$\boldsymbol{n}=\boldsymbol{b}\times\boldsymbol{t}$ だから，

$$\frac{d\boldsymbol{n}}{ds}=\boldsymbol{b}'\times\boldsymbol{t}+\boldsymbol{b}\times\boldsymbol{t}'$$

$$=(-\mu\boldsymbol{n})\times\boldsymbol{t}+\boldsymbol{b}\times(\lambda\boldsymbol{n})=-\lambda(\boldsymbol{n}\times\boldsymbol{b})+\mu(\boldsymbol{t}\times\boldsymbol{n})$$

$$=-\lambda\boldsymbol{t}+\mu\boldsymbol{b} \tag{18}$$

(14), (17), (18) をあわせて

$$
\begin{cases}
\dfrac{d\boldsymbol{t}}{ds} = & \lambda \boldsymbol{n} & \\
\dfrac{d\boldsymbol{n}}{ds} = -\lambda \boldsymbol{t} & & +\mu \boldsymbol{b} \\
\dfrac{d\boldsymbol{b}}{ds} = & -\mu \boldsymbol{n} &
\end{cases}
\tag{19}
$$

を，曲線 Γ の Serret-Frenet の公式といい，これは Γ 上の任意の点 P における動座標系 P$(\boldsymbol{t}, \boldsymbol{n}, \boldsymbol{b})$ の道程に対する変化の具合を示している．ここで，λ と μ の幾何学的意味は次の通りである．

動標構 (moving frame) ともいう．

ベクトル $\boldsymbol{t}(s)$ と $\boldsymbol{t}(s+\Delta s)$ の間のなす角 $\Delta\theta$ に対して，$\lim_{\Delta s \to 0}\left|\dfrac{\Delta\theta}{\Delta s}\right|$ は接線方向の角の平均変化率である．これが大きければ，少ない道程でも，接線方向の変化が烈しいので，曲線の曲り方の量 …… **曲率** (curvature) を示す．右の図で $\overset{\frown}{\mathrm{TT'}} = |\Delta\theta|$，$\overrightarrow{\mathrm{TT'}} = \Delta\boldsymbol{t} = \boldsymbol{t}(s+\Delta s) - \boldsymbol{t}(s)$ で，しかも $\dfrac{\overset{\frown}{\mathrm{TT'}}}{\mathrm{TT'}} = \dfrac{|\Delta\theta|}{\|\Delta\boldsymbol{t}\|} \longrightarrow 1$

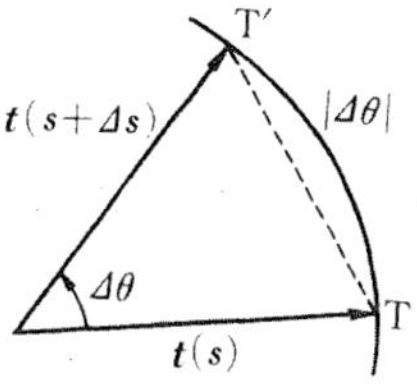

$$
\therefore \quad \lim_{\Delta \to 0}\left|\frac{\Delta\theta}{\Delta s}\right| = \lim_{\Delta \to 0}\frac{|\Delta\theta|}{\|\Delta\boldsymbol{t}\|}\,\frac{\|\Delta\boldsymbol{t}\|}{|\Delta s|} = \lim_{\Delta \to 0}\left\|\frac{\Delta\boldsymbol{t}}{\Delta s}\right\| = \left\|\frac{d\boldsymbol{t}}{ds}\right\|
$$
$$
= |\lambda|\,\|\boldsymbol{n}\| = |\lambda|
$$

λ の逆数 $\rho = 1/\lambda$ を曲率半径という．

次に，Γ 上の点 P を通り，$\boldsymbol{t}$ と $\boldsymbol{n}$ を含む平面を**接触平面** (osculating plane) …… 陪法線 $\boldsymbol{b}$ を法線ベクトルにもつ平面 …… という．$\|\boldsymbol{b}'\| = |\mu|$ だから，これは接触平面の法線方向の，道程に関する変化率（回転率）を表わす．μ を曲線の，P 点での**捩率**（ねじれ率 torsion)，その逆数を，**捩率半径**という．

例 5　螺線の場合，(問18) を参考にして

$$
\lambda = \frac{a}{(a^2+b^2)}, \qquad \mu = \frac{b}{(a^2+b^2)}
$$

問 21　曲線 $x=3t,\ y=3t^2,\ z=2t^3$ の曲率と捩率を求めよ．

問 22　パラメーター t を用いて，曲線の曲率と捩率を求める公式は

$$
\lambda^2 = \frac{(\dot{\boldsymbol{x}}\dot{\boldsymbol{x}})(\ddot{\boldsymbol{x}}\ddot{\boldsymbol{x}}) - (\dot{\boldsymbol{x}}\ddot{\boldsymbol{x}})^2}{(\dot{\boldsymbol{x}}\dot{\boldsymbol{x}})^3}, \qquad \mu = \frac{\dot{\boldsymbol{x}}(\ddot{\boldsymbol{x}} \times \dddot{\boldsymbol{x}})}{(\dot{\boldsymbol{x}}\dot{\boldsymbol{x}})(\ddot{\boldsymbol{x}}\ddot{\boldsymbol{x}}) - (\dot{\boldsymbol{x}}\ddot{\boldsymbol{x}})^2}
$$

であることを証明せよ．

問 23　曲率と捩率が一定であるような曲線は螺線か（例 5 の逆)．

問 24　平面上の曲線の場合の Serret-Frenet の公式を出せ．

問 25　$\Gamma:\ t \longmapsto \boldsymbol{x}(t)$ 上の点 P における接触平面の方程式を求めよ．

問　題　解　答

問 3　(1)　左辺 $= \sum_{i=1}^{m} f_i(t) f_i'(t)$，　右辺 $= \sqrt{\sum_{i=1}^{m} f_i(t)^2} \times \sum_{i=1}^{m} f_i(t) f_i'(t) \Big/ \sqrt{\sum_{i=1}^{m} f_i(t)^2}$

問 5　(5)　コーシー・シュワルツの不等式から

$$
\boldsymbol{f}(u)\int_a^b \boldsymbol{f}(t)\,dt \leqq \|\boldsymbol{f}(u)\|\left\|\int_a^b \boldsymbol{f}(t)\,dt\right\|
$$

両辺を u について a から b まで積分すると

$$
\left[\int_a^b \boldsymbol{f}(t)\,dt\right]^2 \leqq \left(\int_a^b \|\boldsymbol{f}(u)\|\,du\right)\left\|\int_a^b \boldsymbol{f}(t)\,dt\right\|
$$

問 6 (1) $\begin{pmatrix}1\\1\end{pmatrix}$, (2) $\begin{pmatrix}\frac{1}{2}\\ \frac{1}{3}\\ \frac{1}{4}\end{pmatrix}$, (3) $\begin{pmatrix}10\\0\\-6t\end{pmatrix}$, (4) $\boldsymbol{f}(t)=\begin{pmatrix}t^3-t+2\\-2t^4+1\\-4\sin t+t\end{pmatrix}$

問 9 (1) $\boldsymbol{x}=\boldsymbol{c}_1\cos t+\boldsymbol{c}_2\sin t,\quad \boldsymbol{y}=\boldsymbol{c}_1\sin t-\boldsymbol{c}_2\cos t$

(2) $\boldsymbol{x}=\boldsymbol{c}_1e^t+\boldsymbol{c}_2e^{-t},\quad \boldsymbol{y}=\boldsymbol{c}_1e^t-\boldsymbol{c}_2e^{-t}$

問 10 (1) $\begin{pmatrix}0\\1\\ \frac{\pi}{8}\end{pmatrix}+\begin{pmatrix}-4\\0\\1\end{pmatrix}\lambda$ (2) $\begin{pmatrix}1\\2\\1\end{pmatrix}+\begin{pmatrix}1\\2\\2\end{pmatrix}\lambda$ (3) $\begin{pmatrix}e^3\\e^{-3}\\3\sqrt{2}\end{pmatrix}+\begin{pmatrix}3e^3\\-3e^{-3}\\3\sqrt{2}\end{pmatrix}\lambda$

問 11 $\cos\theta=\pm c/\sqrt{a^2+c^2}$ (一定) **問 12** $\pm\frac{\pi}{4}$ **問 13** $\frac{\pi}{2}$

問 18 $\boldsymbol{v}=\begin{pmatrix}-a\sin t\\a\cos t\\b\end{pmatrix}$, $v=\sqrt{a^2+b^2}$, $\boldsymbol{a}=\begin{pmatrix}-a\cos t\\-a\sin t\\0\end{pmatrix}$, $\boldsymbol{n}=\begin{pmatrix}-\cos t\\-\sin t\\0\end{pmatrix}$, $\boldsymbol{b}=\begin{pmatrix}b\sin t\\-b\cos t\\a\end{pmatrix}\frac{1}{\sqrt{a^2+b^2}}$

問 19 (1) $\sqrt{17}\,\frac{\pi}{8}$ (2) $\frac{3}{2}(\sqrt{41}-1)+\frac{5}{4}\log\left(\frac{6+\sqrt{41}}{5}\right)$ (3) $e-\frac{1}{e}$

問 20 $l=4\sqrt{2}\,a(t_2-t_1)$ **問 21** $\lambda=\mu=\frac{2}{3(1+2t^2)^2}$ **問 22** 逆もいえる.

問 23 $x''=-\lambda y',\quad y''=\lambda x'$ **問 24** Γ 上の点を $\boldsymbol{x}(t_0)$ とすると, $X\boldsymbol{b}=\boldsymbol{x}(t_0)\,\boldsymbol{b}$

次回は「偏微分」

(あんどう ひろみ 桃山学院大)

▶ 近数協第9回夏季講座のごあんない ◀

1. 日　時　8月23日(日) 午前8時半 受付
2. 会　場　立命館高等学校(京都市北区小山上総町 市電 烏丸車庫下車 西へすぐ)
3. 講座内容

	小学校	中学校	高校
9:00〜10:30	指導要領批判と一貫カリキュラム (京大 森 毅)		
10:40〜12:10	量をもとにした算数 (双葉小 岡田昭弘)	量と空間 (中京中 石川 明)	線型代数 (桂高 広岡加代子)
13:00〜14:30	空間と図形 (西郷小 石原正夫)	量と解析 (平安女学院 堀井洋子)	無限小解析 (豊岡高 田中敏夫)
14:40〜16:10	確率と統計 (下山小 内藤久夫)	確率と統計 ——情報理論—— (桃山学院大 安藤洋美)	

4. 費　用　参加費 400円

微分と微分係数

笠 原 晧 司

〔1〕 微分の定義

白川. 先生，今日はちょっと質問があるんですが．

北井. どうぞ．

白. 微積分の講義で，ぼくの担当の教授は，微分係数の定義を次のようにしたのです．

(1) $$f(x)=f(a)+\alpha(x-a)+g(x), \qquad \lim_{x\to a}\frac{g(x)}{x-a}=0$$

が成立するような α のことを，a における $f(x)$ の微分係数という……．

北. それで？

白. すごくもってまわった定義のように思えるのです．高校のときだと，えーと，たしか

(2) $$\lim_{x\to a}\frac{f(x)-f(a)}{x-a}=\alpha$$

の値を a における $f(x)$ の微分係数という，という風に教わったはずです．この方がずっと自然で，しかもわかりやすいように思えますが，どうして (1) のような形から出発するのでしょうか．第一，(1) のようにゴタゴタ並んだ式のまんなかにある数が微分だというのはピンときません．

北. 今の君の質問は 2 つに分けて考えることにしよう．第一に，(1) と (2) は実は同値な式であるということを注意しておくこと．第二は，(1) と (2) が君のいうようなわかりやすさの上のちがいは別にして，どんな風にちがうのかということを説明すること……．

発田. あれえ，おかしいぞ．第一に，同じだということを言い，次にちがうのだということをいうなんて……．

北. うん，正にそのことが大切なんですよ．つまり論理的には同値でも，理念的にはちがっている命題というのはいくらでもあるんです．そこのところを説明しましょう．

まず，(1) が成立したとすると，

$$\frac{f(x)-f(a)}{x-a}=\alpha+\frac{g(x)}{x-a}$$

だから，$x\to a$ とした極限へ行くと，(2) が成立します．逆に，(2) が成立するならば，$g(x)$ という関数を

$$g(x)=f(x)-f(a)-\alpha(x-a)$$

によって定義すると，明らかに，

$$\frac{g(x)}{x-a}=\frac{f(x)-f(a)}{x-a}-\alpha$$

の，$x\to a$ とした極限値は 0 となるから，(1) が成立するわけです．

白. ええ，そのことは講義のときにもやりました．

北. 問題は第二の点です．大体，微分だの，導関数だのを考える動機は，関数の一次関数に

よる近似をしようという所にあるのです．それをグラフで示すと，接線を考えることになります．

$$x=a \quad \text{で} \quad f(x) \longleftrightarrow b+\alpha(x-a)$$

このbは，まあ強いていうなら，“第0次近似”とでもいいましょうか，つまり，定数関数による近似といえます．

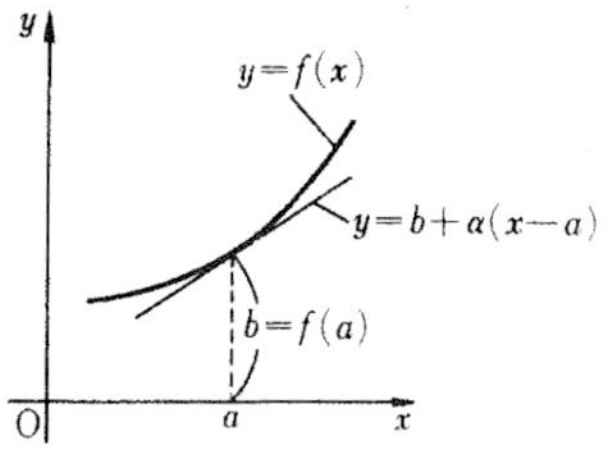

第 1 図

$x=a$ において，関数 $f(x)$ を近似するとき，まず定数関数で近似しようと思ったら，$y=f(a)$ を考えるのは当然でしょう．次に，一次関数近似を考えるとすると，接線ということになりますが，接線というのは直感的にいうと，$y=f(x)$ のグラフとのスキ間が，$(a, f(a))$ を通る他のどの直線より“せまい”ような直線のことですね．この“せまい”ということを正確に言おうとすると，やはり式で書いた方がよいのでして，接線の方程式が $y=f(a)+\alpha(x-a)$ だとすると，

(3) $$\frac{f(x)-[f(a)+\alpha(x-a)]}{f(x)-[f(a)+m(x-a)]} \xrightarrow[(x\to a)]{} 0$$

が $m \neq \alpha$ であるどんな m についても起こる，ということになりますね．

白．おい，発田君，(3) は何という意味や，さっぱりわからん．

発．うん，$(a, f(a))$ を通る直線をいろいろ書いてみるだろ，その勾配が m ってわけさ．どんな勾配をとっても，その直線と $f(x)$ とのスキ間より，接線と $f(x)$ のスキ間の方が小さくなっちまう，てえのが (3) の意味だよ．

中山．“せまい”っていうのも，$x=a$ の近くへ来れば来るほど，ひどくなるのね．

北．さて，(3) を少し書き直すため，

$$g(x)=f(x)-f(a)-\alpha(x-a)$$

とおきますと，(3) は

(4) $$=\frac{g(x)}{g(x)+\alpha(x-a)-m(x-a)}=\frac{g(x)}{g(x)+(\alpha-m)(x-a)} =\frac{1}{1+(\alpha-m)\dfrac{(x-a)}{g(x)}}$$

と変形できます．これは $g(x) \neq 0$ のときだけしかできませんが，それでいいのです．(3) は $x \to a$ とすると0に収束しますから．(4) の最右辺は0に近づきますが，これが0に近づけるのは $\left|\dfrac{x-a}{g(x)}\right| \to \infty$ のとき，かつそのときに限ります．従って，

(5) $$\lim_{x\to a}\frac{g(x)}{x-a}=0$$

でなければなりません．$g(x)=0$ となる x を除外して $x \to a$ としたのですが，(5) の式にそのような x を参加させても (5) は成立しますから，結局接線を作ろうとする場合，(1) のように表わすのが，最も直感に近い表わし方です．

白．しかし，それは (2) のように，接線の勾配を先に求めた方がもっと直感的でしよう．

北．ええ，1次元の場合は，勾配によって直線がきまってしまうから，それでもよいのですが，これが2次元以上になると，ガゼンちがって来ます．(1) を微分係数の定義に用いる最も大きい理由は，これが多変数の関数になっても同じ形で取り扱える，という所にあるのです．

今度は2変数の関数

$$z=f(x, y)$$

を，点 (a, b) において近似する問題を考えましょう．これを(2)の形にだけ頼って考えるとひどいことになります．(2)のマネをするとすれば

(6) $$\lim_{(x,y)\to(a,b)}\frac{f(x, y)-f(a, b)}{|(x, y)-(a, b)|}=\alpha$$

が存在するとき，$f(x, y)$ の点 (a, b) での微分係数，ということにでもなりますが，この極限は大ていの場合存在しません．

中． 先生，その lim はどんな極限ですか．

北． ああ，$(x, y)\to(a, b)$ の意味ですか．これは (x, y) と (a, b) の距離

$$|(x, y)-(a, b)|=\sqrt{(x-a)^2+(y-b)^2}$$

が0に収束するという意味です．ε-δ 式にいうと，どんな $\varepsilon(>0)$ に対しても，(x, y) が (a, b) に近くなりさえすれば，つまりある距離（それを δ としましょう）以下になりさえすれば，

$$\left|\frac{f(x, y)-f(a, b)}{|(x, y)-(a, b)|}-\alpha\right|<\varepsilon$$

が成立してしまう，ということです．

(6)は，たとえば $f(x, y)=l(x-a)+m(y-b)$ という，一次関数の場合ですら，存在しません．なぜなら，$x\to a,\ y=b$ とした極限ですら，

$$\lim_{(x,y)\to(a,b)}\frac{f(x, y)-f(a, b)}{|(x, y)-(a, b)|}=\lim_{x\to a}\frac{l(x-a)}{|x-a|}=\pm l$$

と，x の近づき方で極限値がちがいますし，また，$x=a,\ y\to b$ とした極限値だと $\pm m$ となって，これも2つでて来てしまうと同時に l ともちがいますから，唯一つの極限値というものは全然定まらないのです．

これは，もともと，関数 $f(x, y)$ を点 (a, b) で一次関数近似するのが微分の最初のアイデアであることを無視して，全く形式的に(2)を2変数の時にマネしようとしたために起こった混乱ですから，これは起こるのが当然なわけです．

そこで，今度は(1)のマネをしてみましょう．まず定数関数による近似，“第0次近似”は，いうまでもなく，

$$z=f(a, b)$$

でしょう．次に，第1次近似は，一次関数だから，

(7) $$z=f(a, b)+\alpha(x-a)+\beta(y-b)$$

の形です．そしてもとの $f(x, y)$ と，この一次関数の差

$$g(x, y)=f(x, y)-[f(a, b)+\alpha(x-a)+\beta(y-b)]$$

が，距離 $|(x, y)-(a, b)|$ に比べて，“小さい”こと，すなわち，

(8) $$\lim_{(x,y)\to(a,b)}\frac{g(x, y)}{|(x, y)-(a, b)|}=0$$

が成立するとき，$f(x, y)$ は点 (a, b) で微分可能といい，そのときの一次関数(7)のことを，$f(x, y)$ の点 (a, b) における**微分**というのです．つまり，微分可能というのは，一次関数で近似可能ということを意味するわけです．グラフでいえば接平面が作れるということです(第2図)．

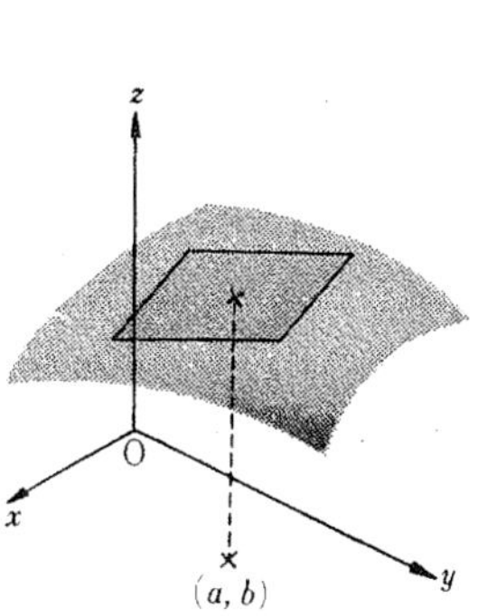

第 2 図

まとめてかくと，$f(x, y)$ が点 (a, b) で微分可能とは，

(9) $$f(x, y)=f(a, b)+\alpha(x-a)+\beta(y-b)+g(x, y),\quad \lim_{(x,y)\to(a,b)}\frac{g(x, y)}{\sqrt{(x-a)^2+(y-b)^2}}=0$$

が成立することをいい，そのときの近似一次関数

(10)　　$z-f(a, b)=\alpha(x-a)+\beta(y-b)$

のことを簡単に，

(11)　　$dz=\alpha dx+\beta dy$

とかき，$f(x, y)$ の微分と呼びます．

発．ちょ，ちょっと先生，「微分可能」ということの意味が，接平面が作れることであるというのはわかりましたが，どうしてそれが「微分」になるのですか．

北．いや，その一次関数のことを「微分」と名づけるのですよ．どうしてったって，そう名前をつけるんですから仕方がないでしょう．君の名前が発田という名前であることは，別に論理的な理由があるわけじゃない…….

発．（ちょっとむっとなる）名前はどうでもいいんです．だけど，dz とか dx とか書くとき，それは無限に小さいんでしょう．だって，無限に小さいから，$g(x, y)$ が無視できて，(11) という式になるんですから．ところが (10) は別に何も小さくないです．それを微分と呼ぶのは困ると思います．

北．（やれやれといった顔）あのねえ，君，この前の時間にあれだけ無限に小さい数などないといったじゃないですか．もう忘れたんですか．

発．（きょとんとする）ええ，無限に小さい数はありません，それは 0 です．しかし，それだったら，(11) で $g(x, y)$ はどうしてなくなってしまったんですか．

北．(11) という式は何も極限移行によって作ったんじゃない．よく見なさい，どこで極限移行を行なってますか．何もしていないでしょう．

白．そしたら，どうして dz とか dx とか書けるのですか．

北．君達，どうも dx と書けば小さいもの，どんどん小さくなって行ったもの，という感じが抜け切れないので困りますねえ．何も dx, dy, dz は小さくないのです．ただ (10) で，

$$dx=x-a, \qquad dy=y-b, \qquad dz=z-f(a, b)$$

と**おいただけ**ですよ．つまり，接平面を表わすいわゆる“流通座標”として，普通，高校などでは，X, Y, Z などと書く，あれです．その流通座標を，常に原点は今考えている点 $(a, b, f(a, b))$ にとるという約束の下に，dx, dy, dz という記号を使う，それだけです．

$g(x, y)$ は発田君がいうように無視したのじゃないんです．もともと，(11) は接平面の方程式なのだから，$g(x, y)$ は入れてはいけないのです．

中．先生，そうしたら，一変数の関数のときでも

(12)　　$dy=f'(x)dx$

と書いていいんですか．高校のときは，$\dfrac{dy}{dx}$ はワンセットで，上下をばらばらにしたらだめだって，教わったんですが．

北．(12) は立派な接線の方程式です．高校のときでも，

$$Y-y=f'(x)(X-x)$$

と書いたでしょう．それを，大学では (12) のように書くだけですよ．

$\dfrac{dy}{dx}$ を上下ばらばらにしてはいけない，という忠告は，「微分」と「微分係数」の区別をはっきりさせない段階で，混乱を防ぐための便法でして，あまりよい忠告ではありません．

中．何ですか，その「微分」と「微分係数」のちがいというのは．

北．微分というのは，今言いましたように，近似一次関数のことです．それに対して，微分係数というのは，その一次関数の係数のことをいうのです．関数それ自身と，関数の係数とは，本来全く別のものです．それが，一変数の関数のときには，

$$\lim_{x \to a} \frac{f(x)-f(a)}{x-a} = f'(a)$$

となり，これは微分係数の方です．と同時に，微分の方も，(12) から，

$$\frac{dy}{dx} = f'(a)$$

と書けないことはない．つまり，一変数の場合は一つの係数で一次関数が決まってしまいますから，関数の方を微分といい，係数の方を微分係数という，と区別してみても始まらないのです．しかし，$\frac{dy}{dx}$ の上下をばらばらにしてはいけない，という忠告はいろいろな害毒を流しましたね．第一に，今言った微分の意味をわからなくしてしまったのと，もっと大きい害毒は，dy, dx はそれぞれ無限に小さいものという，全くのナンセンスを“常識”のように若い諸君にうえつけてしまったことです．

いずれにせよ，一つの係数で一次関数がきまるというのは 1 変数の場合にのみ起こる，全くの特殊現象ですから，2 変数以上の関数では，微分と微分係数とははっきり別のものであることが明らかになります．(10) や (11) の α, β が微分の係数，つまり微分係数です．

白．何や，今まで，微分やとか，微係数やとかいうて，「微」がつくもんやさかい，なんせカスカなもんやろ，とばっかり考えてたわ．

北．微係数という言葉はよくないですねえ．微分係数 (differential coefficient) ですよ，あくまでも．微分の係数なのであって，カスカな係数じやありません．

発．そうよなあ，カスカな係数はおかしいよ…….

北．今のことから，偏微分係数が自然に導かれます．今 (9) が成立したとするとき，その微分係数 α, β を計算する方法を考えましょう．まず，$y=b$ とおいてみますと，

$$f(x, b) = f(a, b) + \alpha(x-a) + g(x, b)$$

$$\lim_{x \to a} \frac{g(x, b)}{|x-a|} = 0$$

が成立していますから，これは，$f(x, b)$ という x の関数が $x=a$ において微分可能であることを示しています．そして，α はその微分係数ですから，その計算法は (2) から

(13) $$\alpha = \lim_{x \to a} \frac{f(x, b)-f(a, b)}{x-a}$$

同様に，β は，$x=a$ とおいて考えれば，

(14) $$\beta = \lim_{y \to b} \frac{f(a, y)-f(a, b)}{y-b}$$

これらはそれぞれ，一方の変数についての導関数を計算することを意味しますから，それらを，それぞれ $\frac{\partial f}{\partial x}$，$\frac{\partial f}{\partial y}$ と d をまるめて ∂ と書き偏微分係数といいます．今度は，それこそ微分係数の場合にしか使いませんから，∂f と ∂x をはなして書くことはしません．∂ を別の意味に使うことがあって ∂f とか $\partial \Omega$ などの記号に出合うことがあるかも知れませんが，そのときは説明がしてあるはずです．それから，全微分というのは，微分というのと同じです．偏微分係数と区別するため，全をつけて強調したりするのです．

白．先生，それなら，$f(x, y)$ を x, y について別々に微分して $\frac{\partial f}{\partial x}$，$\frac{\partial f}{\partial y}$ がわかりますからそれをもとに，

$$dz = \frac{\partial f}{\partial x} dx + \frac{\partial f}{\partial y} dy$$

を作れば，これで $f(x, y)$ の微分ができます．だから，$f(x, y)$ の微分可能性の定義を，わざわざ (9) などというややこしい式にしなくても，(13) と (14) の両方が存在することだと

定義してやればいいのではないんですか．それなら (2) の拡張とも考えられますし……．

北． ところが，それはだめなのです．(13)，(14) が存在したとして，それを使って，

$$g(x, y)=f(x, y)-[f(a, b)+\alpha(x-a)+\beta(y-b)]$$

を作っても，必ずしも，

$$\lim_{(x,y)\to(a,b)}\frac{g(x, y)}{|(x, y)-(a, b)|}=0$$

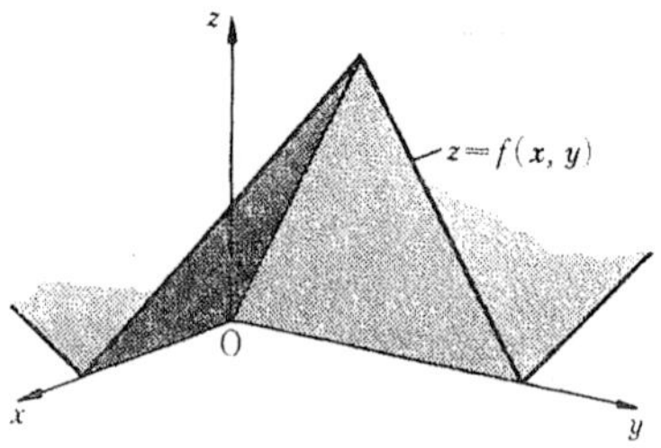

第 3 図

をみたしません．たとえば，第3図のように，それぞれ x 軸，y 軸上に辺をもつ二つの三角形を第1象限で立てかけてテント小屋みたいなものを作り，第1象限以外の x-y 平面上では $z=0$ とした関数を，$z=f(x, y)$ としますと，この関数は原点 (0, 0) で接平面を持ちません．だけれど，x 軸上，y 軸上では $f(x, y)$ の値は恒等的に0ですから，$\dfrac{\partial f}{\partial x}$，$\dfrac{\partial f}{\partial y}$ の原点での値はたしかに存在してその値は共に0です．だから，白川君のいった手順でやれば，この $f(x, y)$ の微分は

$$dz=0$$

と，ちゃんと存在することになります．これもまた，(13)，(14) をあまりにも教条主義的に信奉して，その微分係数としての役割を無視したことから起こる矛盾です．

〔2〕 ベクトル値関数の微分

北． 今度はベクトル値関数の微分を考えましょう．簡単で直感的イメージがはっきりする2次元ベクトル値関数の場合をやりますが，次元がもっとふえても同じことです．

2次元ベクトル値関数というのは，(変数の方は1つの場合をまず考えましょう)

$$\boldsymbol{x}=\boldsymbol{f}(t)$$

で独立変数 t が変るにつれて従属変数 $\boldsymbol{x}$ は2次元空間の中を動く，その対応関係をいうのです．$\boldsymbol{x}$ は2次元ベクトルですからその座標を x, y としますと，それは t の関数だから，

(15) $$\boldsymbol{x}=\begin{pmatrix} x \\ y \end{pmatrix}=\begin{pmatrix} f(t) \\ g(t) \end{pmatrix}$$

ベクトルは原則としてタテにかくことにする．

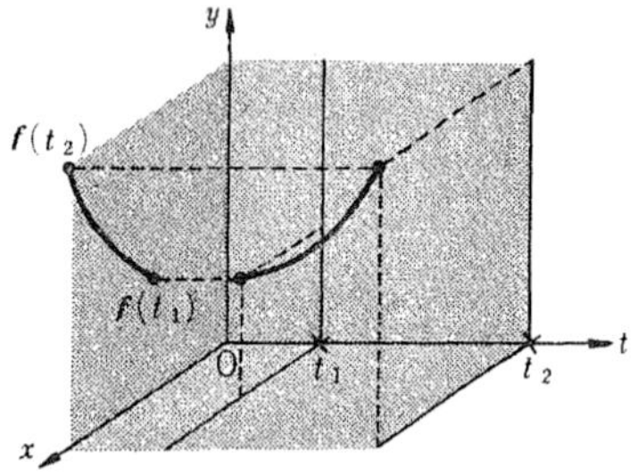

第 4 図

となり，これは，2つの普通の関数 $x=f(t)$，$y=g(t)$ を並べてかいたものに他なりません．これをグラフで画くのに2つの方法があります．一つは第4図のように，t, x, y の3次元空間の中のカーブと見る画き方，もう一つは，t は時間だというわけで，x-y 平面上に，その軌道だけ画くやり方（第5図）です．第5図のグラフは第4図のカーブを x-y 平面へ正射影したものに等しいことは明らかでしょう．また，この第5図のグラフを画くには，(15) から，t を消去すればよいことも明らかですね．

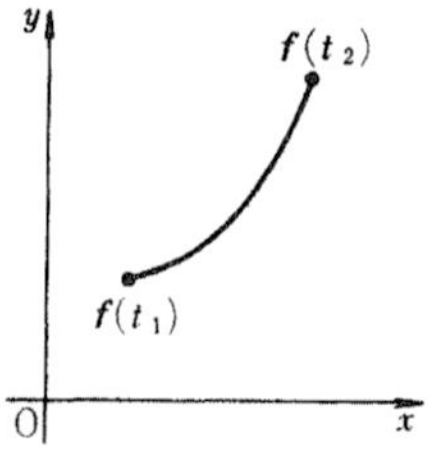

第 5 図

白．発．中． なるほど．

北． この関数が微分可能だというのは，前と同じで，

(16) $$\boldsymbol{f}(t)=\boldsymbol{f}(t_0)+\boldsymbol{a}(t-t_0)+\boldsymbol{h}(t), \qquad \lim_{t\to t_0}\frac{\boldsymbol{h}(t)}{t-t_0}=\boldsymbol{0}$$

が成立することである，と定義しましょう．そしてその係数（といってもベクトルですが）$\boldsymbol{\alpha}$ のことをこのベクトル値関数の点 t_0 における微分係数といいます．

白．先生，今度は近似一次関数はどれになるのですか．

北．前と同じ，　$\boldsymbol{x}-\boldsymbol{f}(t_0)=\boldsymbol{\alpha}(t-t_0)$

が近似一次関数です．これは，座標毎にかくと，

$$\begin{pmatrix} x \\ y \end{pmatrix}-\begin{pmatrix} f(t_0) \\ g(t_0) \end{pmatrix}=\begin{pmatrix} \alpha \\ \beta \end{pmatrix}(t-t_0) \tag{17}$$

または，同じことですが $x-f(t_0)=\alpha(t-t_0)$，$y-g(t_0)=\beta(t-t_0)$ となります．(17) の左辺を $d\boldsymbol{x}$，$t-t_0=dt$ とかき，

$$d\boldsymbol{x}=\boldsymbol{\alpha}\,dt \tag{18}$$

がベクトル値関数の微分です．$\boldsymbol{\alpha}$ の各座標は (17) からもわかるように，

$$\alpha=f'(t_0),\qquad \beta=g'(t_0)$$

つまりベクトル的にかくと，

$$\boldsymbol{\alpha}=\boldsymbol{f}'(t_0)$$

となります．

発．先生，いやに形式的に同じ形で (16) を書かれましたが，幾何学的に，接線とはどんな関係にあるんですか．

北．座標毎に見ると，$x=f(t)$，$y=g(t)$ は $\boldsymbol{x}=\boldsymbol{f}(t)$ の，それぞれ x-t 平面，y-t 平面への正射影ですから，接線も正射影の関係になって（第6図）いて，(17) はこの空間曲線の接線の $t-t_0$ というパラメータによる助変数表示になっているでしょう．だから

$$x:y:t=\alpha:\beta:1$$

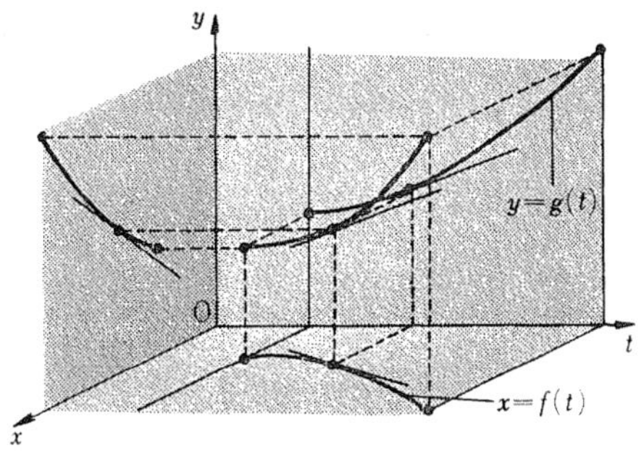

第 6 図

という方向のベクトルは，この接線の方向比を表わしているのです．特に，そのうちの x と y の成分だけ取り出すと，これは x-y 平面への正射影となりますから，結局ベクトル $\boldsymbol{\alpha}$ は，x-y 平面での $\boldsymbol{x}=\boldsymbol{f}(t)$ の軌道の接線の方向ベクトルを表すことになります．例題を出すからやってごらん．

例．$x=\cos t$,　$y=\sin t$.

中．$dx=-\sin t dt$, $dy=\cos t dt$　だから　$\boldsymbol{\alpha}=\begin{pmatrix} -\sin t \\ \cos t \end{pmatrix}=\begin{pmatrix} -y \\ x \end{pmatrix}$.

となって，グラフはラセンになるわね．

白．接線の方程式を t と dt を消去してかくと，ええと，

$$\frac{dx}{-\sin t}=\frac{dy}{\cos t}$$

やさかい，ウーン，

$$\frac{dx}{-y}=\frac{dy}{x}$$

か，つまり，

$$xdx+ydy=0$$

やな．

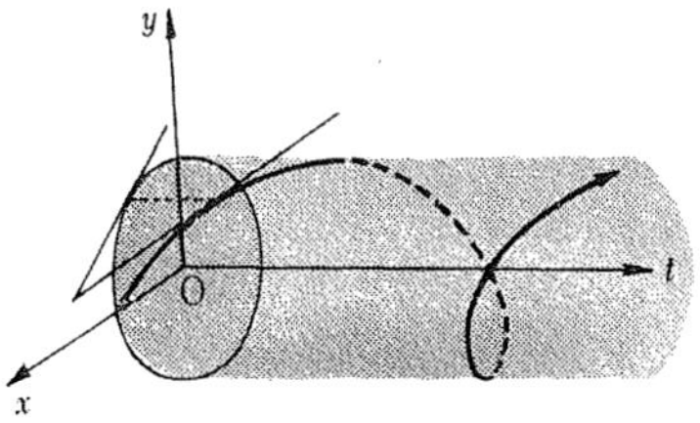

第 7 図

発．そんなこたあ，はなっから，t を消去して，$x^2+y^2=1$ として，微分すりゃあ，でてくるよ．
北．その通り．実際，第4図のように考えるより第5図のように考えることの方がずっと多いのです．ただ，いつでも，まず t を消去したらいいと考えると，かえってやりにくい場合が多いですよ．

今度は，2変数の3次元ベクトル値関数を考えましょう．つまり，座標毎には，

(19) $$x=f(u,\ v),\qquad y=g(u,\ v),\qquad z=h(u,\ v)$$

まとめてベクトル的にかくと，

$$\boldsymbol{x}=\begin{pmatrix}x\\y\\z\end{pmatrix}=\begin{pmatrix}f(u,\ v)\\g(u,\ v)\\h(u,\ v)\end{pmatrix}=\boldsymbol{f}(u,\ v)$$

となります．(19) から u と v を消去しますと，$x,\ y,\ z$ の間の一つの関係式になりますから，これは一般には3次元空間の中の一つの曲面を表わします．そこで，微分を考えましょう．

(20) $$d\boldsymbol{x}=\frac{\partial \boldsymbol{f}}{\partial u}du+\frac{\partial \boldsymbol{f}}{\partial v}dv$$

というのはよろしいでしょうか．
白．うーん，どうせ $\dfrac{\partial \boldsymbol{f}}{\partial u}$ は $\boldsymbol{f}(u,\ v)$ というベクトルの各座標を u で偏微分したものやろうから，(20) を座標毎に書くと，

(21) $$\begin{aligned}dx&=\frac{\partial f}{\partial u}du+\frac{\partial f}{\partial v}dv\\dy&=\frac{\partial g}{\partial u}du+\frac{\partial g}{\partial v}dv\\dz&=\frac{\partial h}{\partial u}du+\frac{\partial h}{\partial v}dv\end{aligned}$$

となるという意味やなあ．ア，これは当り前の式や，(19) のそれぞれの微分を考えたらええのや．そやけど，この連立の式，何のことやらさっぱりわからん．
中．だけどさあ，$dx,\ dy,\ dz$ は流通座標でしょ．今，ある一点で考えているのよ，$(u_0,\ v_0)$ かなんかでね．そのときの $x,\ y,\ z$ の値を $x_0,\ y_0,\ z_0$ かなんかとおけば，

$$dx=X-x_0,\qquad dy=Y-y_0,\qquad dz=Z-z_0$$

でしょ．大学じゃ $X,\ Y,\ Z$ は使わないなんていうけど，わからなきゃしようがないじゃないの．しばらく，使っちゃう．$du=U-u_0$，$dv=V-v_0$ も使っちゃおう．
白．$\dfrac{\partial f}{\partial u}$，$\dfrac{\partial f}{\partial v}$，… はどんな値なの．
中．$\dfrac{\partial f}{\partial u}(u_0,\ v_0)$，… なのよ，きまってるじゃないの．そしたら $d\boldsymbol{x}=\begin{pmatrix}dx\\dy\\dz\end{pmatrix}$ は $\begin{pmatrix}x_0\\y_0\\z_0\end{pmatrix}$ を原点とする流通座標となるわね．それが，$\begin{pmatrix}\dfrac{\partial f}{\partial u}\\\dfrac{\partial g}{\partial u}\\\dfrac{\partial h}{\partial u}\end{pmatrix}$ と $\begin{pmatrix}\dfrac{\partial f}{\partial v}\\\dfrac{\partial g}{\partial v}\\\dfrac{\partial h}{\partial v}\end{pmatrix}$ の線型結合で書けているというのが (20) の意味だわ．ア，わかった．これは平面の方程式よ．そうだ，接平面だわ，きっと．
発．どれどれ，

$$\begin{pmatrix}dx\\dy\\dz\end{pmatrix}=\begin{pmatrix}\dfrac{\partial f}{\partial u}\\\dfrac{\partial g}{\partial u}\\\dfrac{\partial h}{\partial u}\end{pmatrix}du+\begin{pmatrix}\dfrac{\partial f}{\partial v}\\\dfrac{\partial g}{\partial v}\\\dfrac{\partial h}{\partial v}\end{pmatrix}dv$$

か，なるほど，これは平面の方程式だなあ．これ，接平面ですか，先生．

北． 接平面の候補者ですよ．前と同じで，

$$\boldsymbol{f}(u,v)=\boldsymbol{f}(u_0,v_0)+\frac{\partial\boldsymbol{f}}{\partial u}(u-u_0)+\frac{\partial\boldsymbol{f}}{\partial v}(v-v_0)+\boldsymbol{k}(u,v)$$

(22)

$$\lim_{(u,v)\to(u_0,v_0)}\frac{\boldsymbol{k}(u,v)}{|(u,v)-(u_0,v_0)|}=\boldsymbol{0},$$

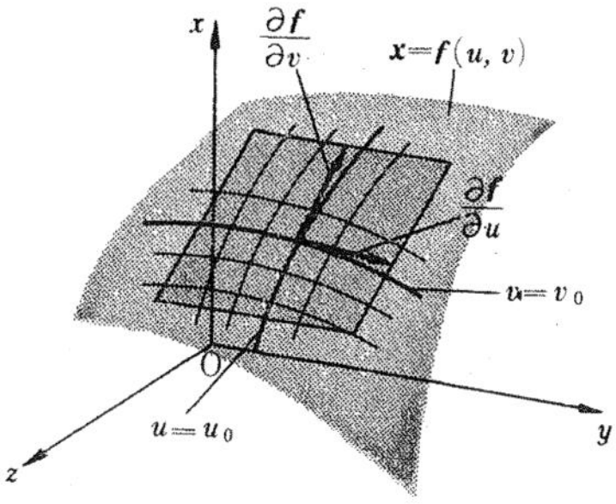

第 8 図

が成立するとき $\boldsymbol{f}(u,v)$ は点 (u_0,v_0) で微分可能といい，その一次近似の部分を，微分というわけです．$\dfrac{\partial\boldsymbol{f}}{\partial u}$，$\dfrac{\partial\boldsymbol{f}}{\partial v}$ の存在だけなら，(22)の第2式が保証されないから，接平面とは言えませんが，(22) が成立しさえすれば中山君のいう通り接平面で，しかも，その接平面上にある2つのベクトルが $\dfrac{\partial\boldsymbol{f}}{\partial u}$，$\dfrac{\partial\boldsymbol{f}}{\partial v}$ であるわけです．なお，この $\dfrac{\partial\boldsymbol{f}}{\partial u}$ というベクトルは，$v=v_0$ とおいて，$\boldsymbol{x}=\boldsymbol{f}(u,v_0)$ という u だけの関数としたときの，空間曲線の接線ベクトルに等しいことは，実際偏微分してみたらわかりますね．

白． なんや，結局，(1)，(9)，(16)，(22) と同じ形の式であらゆるケースが皆 O.K. か．うまいことできとるやないか．

北． そこで，一般の場合を考えましょう，もうわかるでしょう．n 変数で，m 次元空間ベクトル値関数

$$\boldsymbol{x}=\begin{pmatrix}x_1\\ \vdots\\ x_m\end{pmatrix}=\begin{pmatrix}f_1(u_1,\cdots,u_n)\\ \vdots\\ f_m(u_1,\cdots,u_n)\end{pmatrix}=\boldsymbol{f}(\boldsymbol{u})$$

$\boldsymbol{u}=\begin{pmatrix}u_1\\ \vdots\\ u_n\end{pmatrix}$ だが，$\boldsymbol{f}$ の中へ入れてかくときは印刷の都合上，ヨコ長にかく．

が点 $\boldsymbol{u}=\boldsymbol{u}_0$ で微分可能であるとは，ある (m,n)-行列 M があって，

$$\boldsymbol{f}(\boldsymbol{u})=\boldsymbol{f}(\boldsymbol{u}_0)+M\cdot(\boldsymbol{u}-\boldsymbol{u}_0)+\boldsymbol{g}(\boldsymbol{u}),$$

(23)

$$\lim_{\boldsymbol{u}\to\boldsymbol{u}_0}\frac{\boldsymbol{g}(\boldsymbol{u})}{|\boldsymbol{u}-\boldsymbol{u}_0|}=\boldsymbol{0}$$

が成立することである，と定義します．そうすると，

$$M=\begin{pmatrix}\dfrac{\partial f_1}{\partial u_1} & \dfrac{\partial f_1}{\partial u_2} & \cdots\cdots & \dfrac{\partial f_1}{\partial u_n}\\ \dfrac{\partial f_2}{\partial u_1} & \dfrac{\partial f_2}{\partial u_2} & \cdots\cdots & \dfrac{\partial f_2}{\partial u_n}\\ \cdots & \cdots & \cdots & \cdots\\ \dfrac{\partial f_m}{\partial u_1} & \dfrac{\partial f_m}{\partial u_2} & \cdots\cdots & \dfrac{\partial f_m}{\partial u_n}\end{pmatrix}\qquad\left(=\frac{\partial\boldsymbol{f}}{\partial\boldsymbol{u}}\text{ とかく}\right)$$

であることがわかります．(23) の第1式の一次の部分

$$\boldsymbol{x}-\boldsymbol{f}(\boldsymbol{u}_0)=M\cdot(\boldsymbol{u}-\boldsymbol{u}_0)$$

を，$\boldsymbol{f}(\boldsymbol{u})$ の微分といい，$d\boldsymbol{x}=\boldsymbol{x}-\boldsymbol{f}(\boldsymbol{u}_0)$，$d\boldsymbol{u}=\boldsymbol{u}-\boldsymbol{u}_0$ とかくと，

(24) $$d\boldsymbol{x}=\frac{\partial\boldsymbol{f}}{\partial\boldsymbol{u}}\cdot d\boldsymbol{u}$$

となります．この右辺のかけ算は行列算であることを忘れないで下さい．

特に，$\boldsymbol{f}$ が1次元の場合，つまり普通の関数のときは

$$\frac{\partial f}{\partial\boldsymbol{u}}=\left(\frac{\partial f}{\partial u_1},\ \cdots\cdots,\ \frac{\partial f}{\partial u_n}\right)$$

となります．このヨコベクトルのことを $f(u_1,\cdots,u_n)$ の勾配 (gradient) といい，$\mathrm{grad}\,f$ あるいは ∇f*) とかくことがあります．

(24) は $\boldsymbol{f}(\boldsymbol{u})$ に“接する”線型写像で，局所的にまっすぐなもので近似して考察しようという，解析学の最も基本的な考え方を表わす式です．

*) ナブラ f とよむ．ナブラ (nabla) は，ヘブライの竪琴の名前．

ただ，(1)，(9)，(16)，(22)，(23) 等の定義は大へん結構なのだけれど，いざ具体的にある関数が与えられて，さあこれは微分可能かどうか見てくれと言われたとき，いちいち，これらの定義にもどってチェックするのは実際問題としては不可能です．そのために，計算しやすい偏導関数 $\dfrac{\partial f_j}{\partial u_i}$ の性質から，微分可能性を判定する定理ができているのです．まあ，もっと精密な定理は作れるが，実際に使いやすい形をいいますと，

定理． $f(u_1, \cdots, u_n)$ の各偏導関数 $\dfrac{\partial f}{\partial u_i}(\boldsymbol{u})$ $(i=1, \cdots, n)$ がすべて $\boldsymbol{u}$ の連続関数なら，そのような点で，f は微分可能である．

証明はやさしいし，どの教科書にもあるから，君達で follow して下さい．

（かさはら　こうじ　京都大）

書 評

微分と積分
—その思想と方法—

遠山 啓 著

日本評論社 発行

45年2月

A 5　276頁　1300円

数学教育に関したある雑誌の編輯会議に出席すると「だれの書くものがいちばん面白いか」といった話題のでることが多い．出席者の大部分は小・中学校の先生であるが，そういう話題のとき，まっさきに出るのは「やっぱり遠山先生だなあ」という発言である．

そういうとき，わたくしもまったく同感する．調べたわけではないからハッキリしたことはいえないが，遠山氏の著書にはずいぶん多くの愛読者，つまり遠山ファンがいることだろうと思う．ではなぜ遠山氏の書くものが「面白い」のか．それについてわたくしは前々からこう思っている．

第1に，数学者には気取った書き方をする人が多いが，遠山氏にはそれがない．言葉をかえていえば読者に親切である．読者の手が届かないような高い場所にある概念を，遠山氏は手の届く場所にまでもってきてくれる．だから「面白い」のだと思う．第2に，遠山氏の著書には，見ることによって学べるようにできているものが多い．数学的な内容の解説が図（または絵）によってみごとに視覚化されている．図が単に文章の脇役になっているのではなく，図もまた主役を演ずるところに「面白さ」がある．第3に，内容の解説に飛躍や断絶がない．読者が次々に読み進んでいけるように書かれてある．わたくしは，遠山氏の文章を読んでいるとチューブから出てくる練り歯磨きを連想することがある．あの文章が飛躍や断絶のない解説とよく似合って，読者を快い雰囲気でつつむ．

そしてこの本，つまりこの「微分と積分，その思想と方法」も，そういう特徴をもった本である．

高校でも大学の初めでも，微積分といえば計算の仕方を教えるのに大部分の時間を費やすのが普通である．もちろん計算の仕方こそ最も応用のきく微積分の部分だからである．この本は，微積分の別の部分，標題が示す通り思想的，方法論的な部分に重点を置いた解説書である．とくに，第2章「連続と収束」，第4章「関数の連続性」，第8章「補間法とテーラー展開」，第9章「積分」，第11章「微分方程式」，第13章「演算子」は，微積分という科学が，どんな考え方と方法にもとづいて分析されまた総合される科学であるかを知るための，大変すぐれた解説になっている．

読者へのほんとうの意味での教育的見地に立って書かれた数学書とは，こういう本のことをいうのかも知れないと思う．

松田　信行
（まつだ　のぶゆき　芝浦工大）

確率論・モンテカルロ法

ユー・ア・ロザノフ　イ・エム・ソボリ 著
坂本　実，磯野秀明 訳

総合図書 発行

45年3月

A 5　189 p　950円

本書は第1部確率論（122p）と第2部モンテカルロ法（63 p）の2部からなる．各部分は独立した著書で，いずれも著者達が工科系学生のために行なった講義にもとづいている．

「第1部確率論」はロザノフによる．確率論の入門書では，確率とは何かと云うことから始めて，大数の法則，中心極限定理位を述べると一応まとまった内容になるが，素材の取り扱い方によって大分色彩の違ったものが出来上るようである．本書はソビエトの“高等工業学校初学年程度（日本では，理工系大学一般教養程度）の一般的な数学の準備を予想”して，“具体的な問題や例題の形”で確率論の基礎的事項を述べたものである．説明は明快で，例題は丁寧に解説されている．例題は大別して2種類に分けられるようである．一つは，夫々の箇所で独立した役割を果す云わばエキストラであり，もう一つは第1部を通じてくりかえし用いられ，ある主題をあらわすものである．§3のプレイヤーの破産の問題（乃至酔歩の問題），最良選択の問題，§6の放射性物質の崩壊のモデル等が後者の例で，これらは確率過程の基本的な形式を定めている独立性，マルコフ的従属性をもつものとして提出されている．マルコフ連鎖については，状態の分類，極限分布などが述べられ，具体的な問題として，待ち行列，分枝過程の爆発の問題，最適制御を話題にとりあげている．

「第2部モンテカルロ法」はソボリによる．予備知識としては第1部を仮定すれば十分であり，また独立してこの部分だけを読むこともできる．

モンテカルロ法とは要するにクジビキによる数学問題の数値解法で，大数の法則がその根拠となっている．そこで問題は，必要に応じて確率モデルを設定することと，所要の分布に従うクジ—“乱数”—を如何に多数発生させ計算処理を実行するかということであるが，後者については電子計算機の助けをかりようというわけである．本書ではソビエトの計算機「ストレラ」を用いた具体例でモンテカルロ法を解説している．

野本　久夫
（のもと　ひさお　名古屋大）

連結・コンパクト

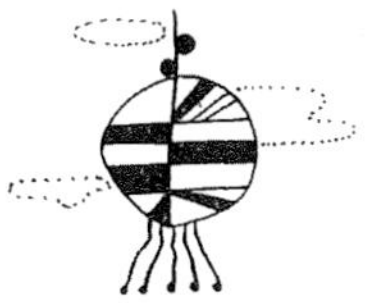

山崎圭次郎

前回は，ノルムを基礎にして，位相の概念を導入した．今回は，重要な位相的性質である‘連結’と‘コンパクト’をとりあげ，線形構造やノルムとの関連を調べる．そのためには，まず1次元の場合すなわち数直線の順序構造との関係を明らかにしなければならない．それは‘実数の基本性質’である．

なお，‘完備’の概念については，のちの機会にとりあげよう．

注意 前回同様，左側はテキスト風の記述．右側は自由な解説．記号 ✓ は読者自らチェックすることを期待する意．また 記号→ は右側参照の意味．

2.1 連 結

ノルム空間の部分集合 S をとる．

注意 以下，連結性の定義に際しては，S を任意の位相空間としてよい．

S における空でない開集合 U, V が，条件

(1) $U \cup V = S, \quad U \cap V = \phi$

を満足するようにとれるとき，S は連結でないといい，そうでないとき S は**連結**であるという．

とくに1次元の場合に連結集合を決定する．

> **定理** 数直線の部分集合 S について，
> 連結である $\Longleftrightarrow$ 区間である

〈証明〉 まず S が区間であるためには

(2) $x, y \in S, \ x \leqq y \ \Rightarrow \ [x, y] \subset S$

の成立が必要十分であることに注意する．

必要性は明白．(2) が成り立つとして，S の下限，上限を a, b とすれば，S が

$]a, b[, \quad]a, b], \quad [a, b[, \quad [a, b]$

の何れかと一致する．✓

さて，S が区間であって連結でないとする．(1) を満足する開集合 $U, V \neq \phi$ があるから，$a \in U, \ b \in V$ をとって，これらを両端とする閉区間 I を考える．集合 $U \cap I$ の上限 c は I の触点ゆえ I に，したがって S に属する．ここで $c \in U, \ c \in V$ の二つの場合に分け，いずれも矛盾に導かれる．✓

いきなり「ノルム空間の部分集合……」という書き出しだが，概念の理解のためには，「平面上の集合…」と読めば十分である．一般的推論において，2次元という特殊性に依存しないようであれば，実は任意のノルム空間でよかったということになる．更にノルムも使わなくて済めば，一般の位相空間であってもよかったと悟れる筈．左では論理的順序としてまず直線上の連結性を特徴づけているが，概念的理解のためには，はじめから「直線上の集合…」と読むのは感心しない．1次元はあまりにも特殊だからである．その特殊性の現われが左の定理．

さて，‘連結である’という言葉には，少々奇妙なひびきがあるかもしれない．日常語としては，‘連結している’とでもいう方がふつうであろうが，数学用語として定着してしまったようだ．

はじめに，簡単のため S を開集合としよう．そのとき，S が連結であるというのは，S が二つの開集合に分離しないということである．ただうるさくいえば，空集合も開集合だから，‘空でない’という但し書きが必要．

勿論どんな場合でも，（2点以上含めば）二つに分けることができるが，連結とは，その二つの部分が両方共開集合であるようにはできないということである．連結集合を下図のように二つに分けようとすれば，その分け目のところにある点（境界点）が問題になる．その点をどちら側に入れても，入れた方が開集合にならない．

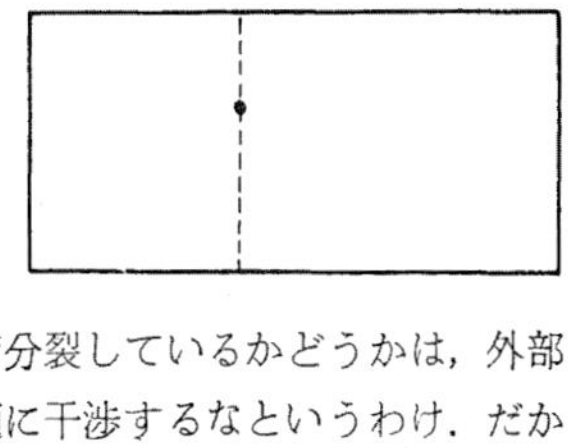

ところで，連結性というのはその集合の内的な性質である．内部で分裂しているかどうかは，外部の事情とは無関係である．内政問題に干渉するなというわけ．だから，集合 S 自身が全空間の中で開集合であったり閉集合であったりすることとは無関係に，S の中で連結性が定義されなくてはなら

次に S が区間でないとする．(2) が否定されるから，ある実数 x, y, z をとれば

$$x<z<y,\quad x,y\in S,\quad z\notin S$$

このとき，S における開集合

$$U=\ ]-\infty,z[\ \cap S,\quad V=\ ]z,+\infty[\ \cap S$$

は空でなく (1) を満足する．よって S は連結でない．〈終〉

一般には，連結性が‘連続弧’(次項参照)を用いて判定されることが多い．ここでは，特別な例をあげよう．

ノルム空間 E の 2 点 a, b に対し，集合

$$\{\lambda a+\mu b\,;\ \lambda,\mu\geqq 0,\ \lambda+\mu=1\}$$

を，a, b を両端とする**線分**という．

いま，E の部分集合 S に対し，その任意の 2 点を両端とする線分が S に含まれるならば，S は**凸**であるという．もう少し一般に，S のある点 a をとるとき，a と S の任意の点を両端とする線分が S に含まれるならば，S は (a に関して) **星形**であるという．そして星形集合は連結である．これは，次項で一般化して示される．

例 数空間 $\boldsymbol{R}^s$ における直方体——s 個の区間の直積——は凸，したがって連結である．

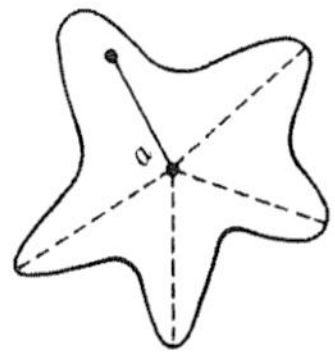

ない．というわけで，一般には左に書いてある通り，S の連結性が‘S における’開集合二つに分離しないこととして定義される．

しかしながら，前回に述べたように，S における開集合は全空間での開集合と S との共通部分として与えられる．だから，あえて外部から介入していえば，S が連結とは，全空間での開集合 U, V で

$$U\cap S\neq\phi,\qquad V\cap S\neq\phi$$
$$U\cup V\supset S,\qquad U\cap V\cap S=\phi$$

となるものが存在しないということである．

以上，連結性の定義に‘開集合’を用いてきたが，‘閉集合’をとっても全く同じ概念が得られる．実際，$S=U\cup V$, $U\cap V=\phi$ という表示は，U, V の一方が他方の (S における) 補集合であることを意味する．したがって U, V が共に開集合であることと，共に閉集合であることとは同等だからである．問題をひとつ．

問 S が連結であるためには，次のような部分集合 T の存在しないことが必要十分である．

「$S\neq T\neq\phi$，T は開集合であると同時に閉集合」

ここで，連結性についてよくでてくる使い方をあげておこう．

連結集合 S の点 x に関する命題 $P(x)$ があり，3 条件

1) $P(x)$ の成り立つ $x\in S$ がある．
2) $P(x)$ の成り立つ点のある近傍では $P(x)$ が成り立つ．
3) $P(x)$ の成り立たない点のある近傍では $P(x)$ が成り立たない．

が満足されるとしよう．そのとき $P(x)$ は実は S 全体で成り立つ．

実際，$P(x)$ の成り立つ点 $x\in S$ の全体 U と成り立たない点 $x\in S$ の全体 V は，共に開集合で $U\cup V=S$, $U\cap V=\phi$ となる．ところで $U\neq\phi$ であるから，もし $V\neq\phi$ ならば S の連結性に反する．

2.2 連結集合と連続写像

> **定理** 連続写像 f による連結集合 S の像 $f(S)$ は連結である．

〈証明〉 $f(S)$ が連結でないとして，

$$U\cup V=f(S),\quad U\cap V=\phi$$

となる $f(S)$ における開集合 $U, V\neq\phi$ をとる．そのとき，逆像 $f^{-1}(U), f^{-1}(V)$ は S における空でない開集合であって

$$f^{-1}(U)\cup f^{-1}(V)=S,\quad f^{-1}(U)\cap f^{-1}(V)=\phi$$

これは S の連結性に反する．〈終〉

> **系** f を連結集合 S 上の連続実数値関数とする．任意の $a,b\in S$ と $f(a), f(b)$ の中間値 λ に対し，$f(c)=\lambda$ となる $c\in S$ が存在する．

連結 (connected) と連続 (continuous) は似た言葉だが，数学では使い方が違う．

連結集合，　連続写像

というのが，この項の主題だが，

連結写像，　連続集合

というのを，筆者はきいたことがない．

数直線上で連結集合が区間に他ならないことはすでに示した．このことを想い起して，左の定理における写像の値域を数直線とすれば，系が得られる．更に定義域まで数直線にすれば，特別な場合として次のいわゆる‘**中間値の定理**’となる．

> 区間 $[a, b]$ 上の連続実数値関数 f に対し，$f(a), f(b)$ の任意の中間値 λ をとれば，$f(c)=\lambda$ となる $c\in[a, b]$ が存在する．

〈証明〉 定理と前項の定理から. ✓ 〈終〉

有限閉区間 I で定義された連続写像

$$f: I \longrightarrow S$$

を, S における（連続）**弧**とよぶ. 像 $f(I)$ 自身も弧とよばれることがあり, これは定理により連結である.

とくに, ノルム空間において, a, b を両端とする線分は関数

$$f(t)=a+t(b-a) \qquad (0 \leqq t \leqq 1)$$

で表わされ, 弧である. ✓

一般に, $I=[\alpha, \beta]$ とするとき, $f(\alpha), f(\beta)$ を弧 f の始点, 終点とよぶ. いま, 集合 S の任意の 2 点に対し, それらを始点と終点にする弧が S において存在するとき, S は**弧状連結**であるという.

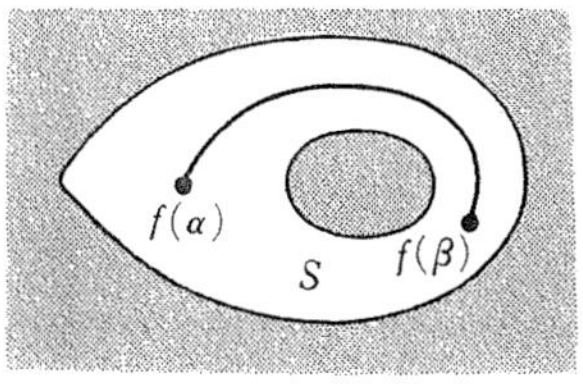

連結性との関係は,

弧状連結 $\Rightarrow$ 連結

〈証明〉 S が連結でないとして,

$$U \cup V=S, \qquad U \cap V=\phi$$

となる S の開集合 $U, V \neq \phi$ をとる. U, V 内にそれぞれ始点, 終点をもつ弧 C があるとすれば,

$$U'=U \cap C, \qquad V'=V \cap C$$

は C における空でない開集合であって

$$U' \cup V'=C, \qquad U' \cap V'=\phi.$$

これは C が連結でないことを示し矛盾. よって S は弧状連結でない. 〈終〉

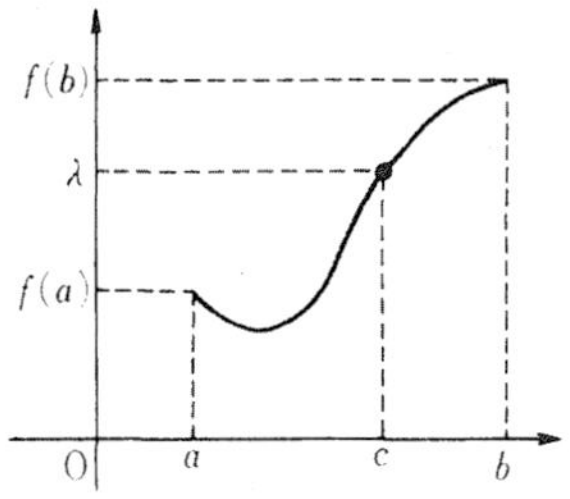

ことがらの本質は, 関数の '連続性' が値域の '連結性' に反映していることにある. 言葉の定義をいい加減にして, 語感に頼って連結と連続をごっちゃにすると, アタリマエということになる. しかし, 関数——一般には写像——の連続性は, その値域——もっと正確にいうとグラフ——の連結性で定義されたわけじゃない. アタリマエではない. 実際, 逆にグラフの方が連結であっても, 関数は連続でないことがある.

例: $f(x)=\sin\dfrac{1}{x} \quad (0<x \leqq 1), \qquad f(0)=0.$

区間 $[0,1]$ 上でグラフは連結だが, $x=0$ で関数は不連続.

さて, 連結性についての前項の定義は, その使われ方を見てもわかるように, 機能性に富んでいる. しかし, 具体的に与えられた集合の連結性の判定は, 一般にはあまり楽でない. そのため, 連結性に対するひとつの十分条件として, '弧状連結性' が有用である. これは粗雑にいって, 区間の連続像でつなげるということだから, '連続性' との関係はより密接である. ただし, これは一般には必要条件でない. それにもかかわらず有用なのは, たとえばノルム空間の開集合—— 一般には局所弧状連結ならよい——に対して,

$$\text{弧状連結} \iff \text{連結}$$

が成り立つためである.

〈証明〉 開集合 S の 1 点 a をとり, a を始点とする S 内の弧の終点となりうる点 $x \in S$ の全体を U, S におけるその補集合を V とおく. そのとき, U, V は共に開集合となる. (右図参照.) ✓

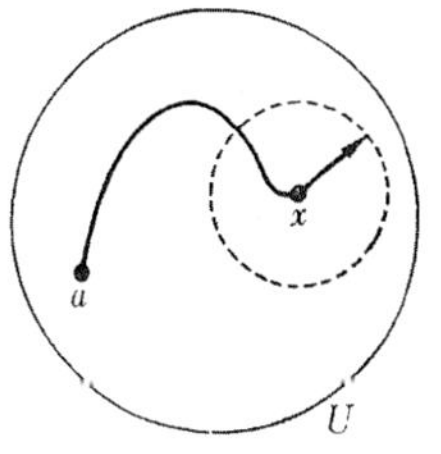

よって, S が連結なら, $V=\phi$ でなければならない. すなわち, $S=U$. これは S が弧状連結であることを意味する.

2.3 コンパクト

S における開集合系 $(U_\lambda)_{\lambda \in \Lambda}$ で条件

$$\bigcup_{\lambda \in \Lambda} U_\lambda=S$$

を満足するもの——S の開被覆——に対し, 必ず有限個の $U_{\lambda_1}, \cdots, U_{\lambda_n}$ をえらんで

$$U_{\lambda_1} \cup \cdots\cdots \cup U_{\lambda_n}=S$$

となるようにすることができるとする. このとき, S は**コンパクト**であるという.

コンパクト (compact) の概念は, 数学のほとんどあらゆる部門で極めて重要である. ただ, その定義の仕方は一定していない. 少し旧式なもの (Bolzano-Weierstrass) をあげてみよう.

点列 (a_n) が与えられたとき, 点 x がその '集積点' であるとは, x の任意の近傍 U に対して

$$a_n \in U$$

となる n が無数に存在することである. そして, 集合 S における

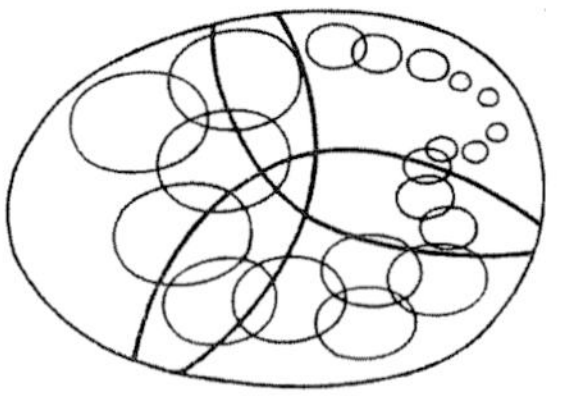

とくに数直線上で，

> 有限閉区間はコンパクトである．

〈証明〉 $S=[a, b]$ の開被覆 $(U_\lambda)_{\lambda\in\Lambda}$ をとる．いまこのうちの有限個で $[a, x]$ が覆われるような $x\in S$ の全体を考え，その上限を c とする．更に $c\in U_{\lambda_0}$ となる $\lambda_0\in\Lambda$ をとる．$a<c$ ならば $a<c'<c$ となるある c' をとれば，$[c', c]\subset U_{\lambda_0}$．$a=c$ ならば $c'=c$ としよう．

$$[a, c']\subset U_{\lambda_1}\cup\cdots\cdots\cup U_{\lambda_n}$$

となる有限個の $\lambda_1, \cdots, \lambda_n\in\Lambda$ があり，

$$[a, c]\subset U_{\lambda_0}\cup U_{\lambda_1}\cup\cdots\cdots\cup U_{\lambda_n}.$$

いま $c<b$ ならば，$c<c''\leqq b$ となるある c'' をとれば，$[c, c'']\subset U_{\lambda_0}$．よって

$$[a, c'']\subset U_{\lambda_0}\cup U_{\lambda_1}\cup\cdots\cdots\cup U_{\lambda_n}.$$

これは c の定義に反する．よって $c=b$．〈終〉

注意 $\bar{\boldsymbol{R}}=\boldsymbol{R}\cup\{-\infty, +\infty\}$ はコンパクト．

上の事実を精密化し，数空間へ一般化する．

> **定理** 数空間の部分集合 S について
>
> コンパクトである $\Longleftrightarrow$ 有界閉集合である．

〈証明〉 まずコンパクト集合 S が有界かつ閉であることを示す．

$$U_n=\{x\in S\,;\,\|x\|<n\}\quad (n=1, 2, \cdots)$$

は S の開被覆であるから有限個，したがってひとつの U_n が S と一致する．よって S は有界である．また任意の $a\notin S$ に対し，

$$V_n=\{x\in S\,;\,\|x-a\|>1/n\}\,(n=1, 2, \cdots)$$

は S の開被覆であるから，有限個したがってひとつの V_n が S と一致する．このとき，a の $1/n$ 近傍が S と交わらないから，a は S の触点でない．これは S が閉集合であることを意味する．

次に，逆に $\boldsymbol{R}^s$ の有界閉集合 S がコンパクトであることを示す．S は有限閉直方体

$$[a_1, b_1]\times\cdots\cdots\times[a_s, b_s]$$

に含まれる．よって次の2事実に帰着する．

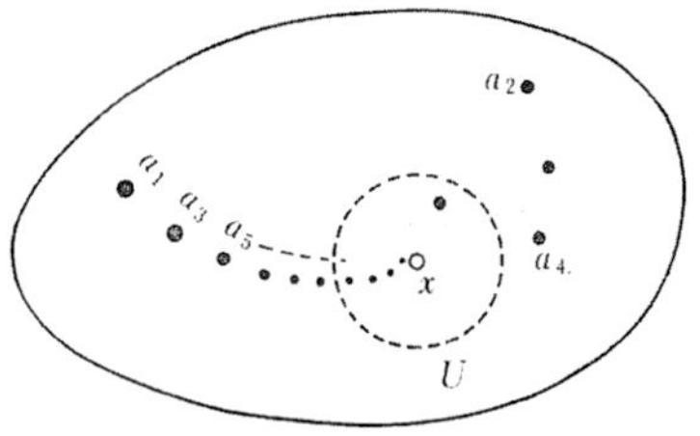

任意の点列が必ず S 内に集積点をもつとき，S は**点列コンパクト**であるといわれる．

この定義を左にあげたコンパクトの定義と比べるとき，形式上は似ても似つかない．しかし論理的には，ノルム空間で実は同等である．一般には

> コンパクト $\Rightarrow$ 点列コンパクト

〈証明〉 対偶を示そう．集合 S における点列 (a_n) が S 内に集積点をもたないとする．任意の $x\in S$ に対してある開近傍 $U(x)$ をとれば，$a_n\in U(x)$ となる n が有限個である．さて $(U(x))_{x\in S}$ は S の開被覆であるが，そのうちの有限個の合併

$$U(x_1)\cup\cdots\cdots\cup U(x_m)$$

に属する a_n の添数 n は有限個しかない．しかし，すべての（無限個の）n について $a_n\in S$ であるから，上記の有限合併が S に等しいことはあり得ない．これは S がコンパクトでないことを示す．〈終〉

ノルム空間で上の命題の逆も成り立つが，その証明はもうちょっと面倒である*．しかし，ともかくこのようにして，'コンパクト' と '点列コンパクト' は論理的に結びつけられる．

ところで，概念の定義形式というものは，論理的に同等であればどうでもよいというわけのものでもない．直観性を重んじて，点列コンパクトの方をとるべきだという人もある．ただ，何が直観的であるかは，その人の体験や習慣に依存する．新鮮な頭脳にとっては果してどうなのか？ また，一般的にいって，定義形式は観賞のためよりも活用のためであるべきだろう．口あたりの良さよりも機能性に注目したい．それが結局カッコヨサにもつながる．

なお，最近の傾向として，コンパクト性を 'proper map**' との関係で規定するカテゴリー論的仕方もある．

さて，左に述べた形式でいえば，コンパクト概念の本質は

無限性を有限性に帰着させる

原理の成立にある．たとえどんなに沢山の開集合で S を覆っておいても，実はその大部分は要らないのであって，てきとうな有限個だけで間に合ってしまうということ．ただ '開集合' を使ったのがミソである．また，S のコンパクト性は，連結性と同様に，やはり S の内的な性質であり，開集合は 'S における' 開集合の意味である．しかし，S の外から眺めることもできる．そのときは，次のようにいい表わせる．

---

* 一般には距離空間でよい．「現代数学概説 I（岩波）」「Bourbaki : Topologie générale, Chap. 9」参照．

** たとえば「Bourbaki : Topologie générale Chap. 1（新版）」

(1) コンパクト集合の閉集合はコンパクト.

(2) コンパクト集合の直積はコンパクト.

これらは次項で示される.〈終〉

2.4 コンパクト集合の性質

上にあげた2性質 (1), (2) を証明する.

(1) について. コンパクト集合 S における閉集合 F に対し, 開被覆 $(U_\lambda)_{\lambda\in\Lambda}$ をとる. $U_\lambda=V_\lambda\cap F$ となる S における開集合 V_λ をとれば, $(V_\lambda)_{\lambda\in\Lambda}$ と $S-F$ が S の開被覆となる. よって, てきとうな有限個をえらんで

$$V_{\lambda_1}\cup\cdots\cdots\cup V_{\lambda_n}\cup(S-F)=S$$

このとき明らかに

$$U_{\lambda_1}\cup\cdots\cdots\cup U_{\lambda_n}=F$$

したがって F はコンパクトである.〈終〉

(2) については, まずその意味を明確にする必要があろう (→). しかし, ここでは目的にそって直方体

$$[a_1, b_1]\times\cdots\cdots\times[a_s, b_s]$$

のコンパクト性だけを示しておく.

注意 一般には, 位相空間 $E_1, E_2, \cdots$ に対して, 直積集合 $E=E_1\times E_2\times\cdots$ に位相が自然に定義され, 特に E_i $(i=1, 2, \cdots)$ がコンパクトのとき E もコンパクトになるのである.

s に関する帰納法で示せばよいから, 数空間 $\boldsymbol{R}^s$ における有限閉直方体 K と有限閉区間 I について

K がコンパクト ⇒ $K\times I$ がコンパクト

を示せばよい.

$K\times I$ の開被覆 $(W_\lambda)_{\lambda\in\Lambda}$ をとる. 任意の $(x, t)\in K\times I$ に対して, x のある開近傍 U と t のある開近傍 J をてきとうにとれば, ある $\lambda\in\Lambda$ について

$$U\times J\subset W_\lambda$$

となる. ✓ U を $U_t(x)$, J を $J_x(t)$, λ を $\lambda(x, t)$ で表わそう. いま $x\in K$ を固定して I の開被覆 $(J_x(t))_{t\in I}$ を考える. I のコンパクト性によって, ある有限開被覆 $J_x(t_1), \cdots, J_x(t_n)$ がとれる. これに対して

$$V(x)=U_{t_1}(x)\cap\cdots\cdots\cap U_{t_n}(x)$$

は x の開近傍であって

$$V(x)\times I\subset W_{\lambda(x, t_1)}\cup\cdots\cdots\cup W_{\lambda(x, t_n)}$$

すなわち $V(x)\times I$ は (W_λ) の有限個で覆わ

「開集合系 $(U_\lambda)_{\lambda\in\Lambda}$ が条件 $\bigcup_{\lambda\in\Lambda}U_\lambda\supset S$ を満足するとき, 必ず有限個の $U_{\lambda_1}, \cdots, U_{\lambda_n}$ をえらんで

$$U_{\lambda_1}\cup\cdots\cdots\cup U_{\lambda_n}\supset S$$

であるようにすることができる.」

なお, 開集合と閉集合は双対的な関係にあるから, コンパクト性は閉集合を使って定義することもできる. すなわち

「S における閉集合系 $(F_\lambda)_{\lambda\in\Lambda}$ が条件 $\bigcap_{\lambda\in\Lambda}F_\lambda=\phi$ を満足するとき, 必ず有限個の $F_{\lambda_1}, \cdots, F_{\lambda_n}$ をえらんで

$$F_{\lambda_1}\cap\cdots\cdots\cap F_{\lambda_n}=\phi$$

であるようにすることができる.」

がコンパクト性の必要十分条件である. あるいは対偶をとって

「S における閉集合系 $(F_\lambda)_{\lambda\in\Lambda}$ について, その任意の有限個が交わるとき――有限交叉性をもつという――必ず全部の共通部分が空でない.」

といってもよい. たとえば, 数直線上で

$$I_1\supset I_2\supset I_3\supset\cdots\cdots$$

となる有限閉区間列があれば, 共通点 $x\in I_n$ $(n=1, 2, \cdots)$ が存在する. (**区間縮小法**).

コンパクト性がその集合の内的性質であることは, すでに述べた通りであるが, 連結性の場合と違って,

「コンパクト集合は必然的に閉集合」

である. 数空間の中では左の定理で示したが, その証明をノルムなしに改良すれば一般に成り立つ.

他方, 左で (1) として述べたように, コンパクト集合における閉集合は常にコンパクトである. こうして, 内的性質である‘コンパクト’は外的条件である‘閉’と密接に関係する. こういうわけで (あるいは発音をまねて) コンパクトが‘完閉’とよばれたこともある. しかし, これはあまり流行らなかった. 片仮名が時代の傾向に適合しているのだろう.

次に (2) のもっと普遍的な解釈をあげておこう. まず二つの位相空間 E_1, E_2 の直積集合

$$E_1\times E_2=\{(x_1, x_2);\ x_i\in E_i\}$$

に位相――近傍概念――を定めるのであるが, それは左の証明から示唆されるように, 点 (x_1, x_2) の近傍が x_i の近傍 U_i の直積 $U_1\times U_2$ を含むものとして規定される. とくに E_i がコンパクトのとき, 左の証明がそのまま通用して $E_1\times E_2$ もコンパクトになる.

また, 三つ以上の位相空間 $E_1, E_2, \cdots$ に対しても同様である. そして, ‘結合法則’

$$(E_1\times E_2)\times E_3=E_1\times(E_2\times E_3)=E_1\times E_2\times E_3$$

が, 位相の一致の意味で成り立つことに注意しよう. このことから

$$(E_1\times\cdots\cdots\times E_s)\times E_{s+1}=E_1\times\cdots\cdots\times E_{s+1}$$

れる．次に K の開被覆 $(V(x))_{x\in K}$ に対して，K のコンパクト性より有限開被覆 $V(x_1)$，…，$V(x_m)$ が得られる．したがって

$$K\times I=(V(x_1)\times I)\cup\cdots\cdots\cup(V(x_m)\times I)$$

は (W_λ) の有限個で覆われる．〈終〉

2.5 コンパクト集合と連続写像

> **定理 1** 連続写像 f によるコンパクト集合 S の像 $f(S)$ はコンパクトである．

〈証明〉 $f(S)$ の開被覆 $(U_\lambda)_{\lambda\in\Lambda}$ をとる．$(f^{-1}(U_\lambda))_{\lambda\in\Lambda}$ は S の開被覆であるから，有限個をとって

$$f^{-1}(U_{\lambda_1})\cup\cdots\cdots\cup f^{-1}(U_{\lambda_n})=S$$

$$\therefore\quad U_{\lambda_1}\cup\cdots\cdots\cup U_{\lambda_n}=f(S).$$

これは $f(S)$ のコンパクト性を示す．〈終〉

> **系** コンパクト集合上の連続実数値関数 f は最大値と最小値をとる．

〈証明〉 上の定理と 2.3 の定理より，関数値の集合は有界閉集合であり，その上・下限は最大・最小値を与える．✓ 〈終〉

次に S をノルム空間の部分集合とする．S 上の実数値関数 f が**一様連続**であるとは，次の命題が成り立つことである．

「任意の $\varepsilon>0$ に対し，ある $\delta>0$ をとれば，$\|x-x'\|<\delta \Rightarrow |f(x)-f(x')|<\varepsilon.$」

> **定理 2** ノルム空間におけるコンパクト集合 S 上の連続実数値関数 f は一様連続である．

〈証明〉 任意の $\varepsilon>0$，$x\in S$ に対し，x に依存するある $\delta(x)>0$ をとれば，

$$\|x-x'\|<\delta(x) \Rightarrow |f(x)-f(x')|<\varepsilon/2$$

いま x の $\delta(x)/2$ 近傍を $U(x)$ とかいて，S の開被覆 $(U(x))_{x\in S}$ を考える．S のコンパクト性より，有限個をえらんで

$$U(x_1)\cup\cdots\cdots\cup U(x_n)=S$$

そこで $\delta(x_i)/2$ $(1\leqslant i\leqslant n)$ の最小数 δ をとれば次が成り立つ．(図を参照)

$$\|x-x'\|<\delta \Rightarrow |f(x)-f(x')|<\varepsilon$$

〈終〉

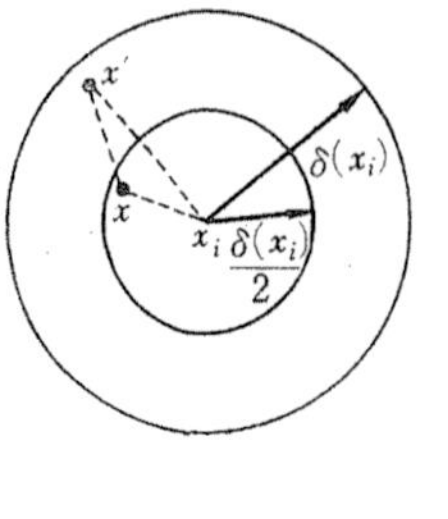

となり，コンパクト性の議論に帰納法が使えるのである．

なお，左で扱った数空間について一言．$\boldsymbol{R}^s=\boldsymbol{R}\times\cdots\cdots\times\boldsymbol{R}$（$s$ 個の直積）の位相は，上に述べた‘直積位相’に他ならない．そして，部分集合 $S_i\subset\boldsymbol{R}$ に対して，$\boldsymbol{R}^s$ の部分集合としての $S_1\times\cdots\times S_s$ の位相は，位相空間 S_i の直積位相と一致する．

定理 1 は，連結性と同様に，コンパクト性も連続写像によって遺伝することを示している．とくに写像 f の定義域と値域を数空間にとれば，前定理を参照して，

「連続写像 f による有界閉集合 S の像 $f(S)$ は有界閉集合である．」ということになる．

ここで，‘有界閉集合’を単に‘有界集合’あるいは‘閉集合’とおきかえたのでは，この命題が成り立たないことに注意しよう．

実際，たとえば

1)　　$S=]0,1[$,　　$f(x)=1/x$

とおけば，f は連続で S は有界だが $f(S)=]1,+\infty[$ は有界でない．(だから勿論最大数もない．)

また，たとえば

2)　　$S=[0,+\infty[$,　　$f(x)=1/(x+1)$

とおけば，f は連続で S は閉集合だが $f(S)=]0,1]$ は閉集合でない．(最小数がない．)

すなわち，‘有界’や‘閉’という性質は連続写像によって遺伝しないのである．それにもかかわらず，この 2 性質が組み合わされて‘有界閉集合’となると遺伝するようになるというわけ．

最後に一様連続性について一言しておこう．そもそも関数 f の連続性の意味は，x の動きに対応する $f(x)$ の動きが制限されることにある．それをノルムによって定量的に表現したのが，いわゆる‘ε-δ 形式’：どんな ε に対しても，x の動きがある δ 以下である限りは $f(x)$ の動きが ε 以下に収まるということ．ところでこれは，x の基準点 a をきめて，そこからの動きを問題にした上で a における連続性を規定している．一般には，基準点が変わってくると，ε に対する δ のとり方も変えざるを得なくなる．一様連続というのは，どこでも一様な δ のとり方でよろしいということ．

一様連続の理解のためには，むしろ一様連続でない連続関数をあげるのがよいかも知れない．たとえば上の例 1) の連続関数

$$f(x)=1/x\qquad(0<x<1)$$

は，一様連続でない．実際，x が 0 に近くなると，x の動きに対する $f(x)$ の動き方が際限なく大きくなってしまう．このことは容易に感じとれるであろう．

なお，左の定理で，f は一般のノルム空間に値をとる連続写像であってもよいことに注意する．この定理は，積分の存在を示すときに用いられるであろう．

コンパクト性は，その他関数列の‘一様収束性’や関数系の‘同等連続性’などとも関係し，解析学のいろいろな場面に有効に現われる．それらについては必要に応じて述べることにしよう．

（やまざき　けいじろう　　東京大）

1 次 変 換 群

栗　田　稔

1. 1次変換群

変数 x, y を x', y' へ移す1次変換

$$x' = ax + by, \qquad y' = cx + dy \tag{1}$$

については，$\varDelta = ad - bc \neq 0$ のときは，

$$x = \frac{1}{\varDelta}(dx' - by'), \qquad y = \frac{1}{\varDelta}(-cx' + ay') \tag{2}$$

1次変換の逆

によって逆変換 $(x', y') \to (x, y)$ が定まる．

また，(1) に重ねて，もう1つの1次変換

$$x'' = px' + qy', \qquad y'' = rx' + sy' \tag{3}$$

による $(x', y') \to (x'', y'')$ を行なうと，その合成の結果の1次変換 $(x, y) \to (x'', y'')$ は，

$$x'' = (pa + qc)x + (pb + qd)y, \qquad y'' = (ra + sc)x + (rb + sd)y \tag{4}$$

1次変換の合成

によって与えられる．

さらに，これらのことは，行列の記号

$$X = \begin{pmatrix} x \\ y \end{pmatrix}, \quad X' = \begin{pmatrix} x' \\ y' \end{pmatrix}, \quad X'' = \begin{pmatrix} x'' \\ y'' \end{pmatrix}, \quad A = \begin{pmatrix} a & b \\ c & d \end{pmatrix}, \quad B = \begin{pmatrix} p & q \\ r & s \end{pmatrix}$$

を使って表わせば，次のようになる．いま，行列 A について，これから出来る行列式を，

行列による表示

$$|A| = \begin{vmatrix} a & b \\ c & d \end{vmatrix} \text{ とかくと，} \quad \varDelta = |A| = \begin{vmatrix} a & b \\ c & d \end{vmatrix} \neq 0 \text{ のとき，} \quad A^{-1} = \begin{pmatrix} \dfrac{d}{\varDelta} & -\dfrac{b}{\varDelta} \\ -\dfrac{c}{\varDelta} & \dfrac{a}{\varDelta} \end{pmatrix} \tag{5}$$

行列の逆

また，

$$BA = \begin{pmatrix} p & q \\ r & s \end{pmatrix} \begin{pmatrix} a & b \\ c & d \end{pmatrix} = \begin{pmatrix} pa + qc & pb + qd \\ ra + sc & rb + sd \end{pmatrix} \tag{6}$$

これらのことによって，

$|A| \neq 0$ のとき，$X' = AX$ の逆変換は　$X = A^{-1}X'$

$X' = AX$, $X'' = BX'$ のとき，　$X'' = (BA)X$

行列の積

こうしたことは，すでにこれまでに述べてきたところである．これから考えようというのは，1次変換の集まりで群 (group) をなしているものである．

まず，数の範囲は実数全体とし，

$$X' = AX, \qquad \text{つまり} \quad x' = ax + by, \quad y' = cx + dy \tag{7}$$

という1次変換で，

$$|A| = ad - bc \neq 0 \tag{8}$$

$|A| \neq 0$ のとき A を非特異 (non-singular) という．ここで，非特異な行列の全体を考えるわけである．

であるものの全体を考えてみよう．これを G とする．G は，$|A| \neq 0$ という条件をもった2行2列の行列 A の全体と考えてもよい．このとき，まず，

（I）　G の2つの変換を合成したものは，やはり G の変換である．　合成の可能性

これは，G を行列の集合と考えるとき，

$$A \in G,\quad B \in G \text{ ならば，}\quad BA \in G$$

ということである．この場合，(8) という条件があるのだから，

$$|A| \neq 0,\quad |B| \neq 0 \text{　ならば，}\quad |BA| \neq 0$$

ということを確かめておかなくてはならない．それは，

$$|BA| = |B| \cdot |A| \quad \text{つまり，} \begin{vmatrix} pa+qc & pb+qd \\ ra+sc & rb+sd \end{vmatrix} = \begin{vmatrix} p & q \\ r & s \end{vmatrix} \cdot \begin{vmatrix} a & b \\ c & d \end{vmatrix} \qquad (9)$$

行列の積と行列式

ということからわかる．(行列式について知識のない人は，一度験算してみるとよい)

つぎに，

（II）　G には，恒等変換がふくまれている．　恒等変換の存在

つまり，　$x' = x,\quad y' = y$

という変換 $(x, y) \to (x', y')$ は (7) の特別な場合である．このときの A は単位行列で，

$$E = \begin{pmatrix} 1 & 0 \\ 0 & 1 \end{pmatrix},\qquad |E| = \begin{vmatrix} 1 & 0 \\ 0 & 1 \end{vmatrix} = 1$$

となっている．また，

（III）　G にふくまれる変換の逆変換は，やはり G にふくまれる　逆変換の存在

ことは，上で見てきた通りである．なお，(5) でいえば，$|A^{-1}| = \Delta^{-2}(ad-bc) = \Delta^{-1} \neq 0$ である．

（I）（II）（III）によって，

(8) をみたす1次変換 (7) の全体 G は，群をなしている　1次変換が群をなす．

ことがわかる．この G のことを $GL(2)$ (general linear group of order 2) という．

一般に，集合 M をそれ自身の上へ1対1に移す変換の集合 G があって，これが（I）（II）（III）の条件をみたしているとき，G は変換群をなしているという．ここで考えているのは，1次変換群である．

変換群の定義

1次変換群

Q．これまで，群の定義というのを，次のように理解してきました．集合 G があって，その中の任意の2つの元 a, b についてその結合の結果 ab というものが考えられて，次のようになっているとき，G はこの結合に関して群をなしているという．　一般の群

(i)　$a \in G,\ b \in G$ ならば，$ab \in G$　合成の可能性

(ii)　一定の e があって，G の任意の元 a に対して，$ae = a,\quad ea = a$　単位元の存在

(iii)　上の e (単位元) に関し，G の任意の元 a に対して　$ax = e,\ xa = e$　となる x がただ1つある　逆元の存在

(iv)　G の任意の3つの元 a, b, c について，$(ab)c = a(bc)$　結合律

ここのお話しですと，(iv) がぬけているようですが．

A．これらの条件 (i)(ii)(iii)(iv) は，もっと煮つめた形で言うことができます．つまり，もう少し少ない仮定からこれだけのことがでてきます．しかし，初歩の段階では，こうしたことでよいでしょう．ところで (iv) ですが，このことは，変換群のときは，つねに成り立っているのです．いま，M の上に働く変換の集合 G があるとき，G の f, g を続けて行なった結果を $g \circ f$ とかくことにし，L, M の元を x としますと，

変換の合成では，結合律はつねに成り立つ．

x に f, g, h を続けて施した結果の　$h \circ ((g \circ f)(x)) = (h \circ (g \circ f))(x)$

というのは，$f(x)$ に $h \circ g$ を施したもの

$$(h \circ g)(f(x)) = ((h \circ g) \circ f)(x)$$

と同一であることは明らかです．

A．行列の計算法則 $(AB)C=A(BC)$ というのも，これと関係があるのですね．

Q．もちろんそうです．この結合法則は，(6) から確かめることも出来ますが，上のことからもわかるわけです．

つぎに，一般の２次元の１次変換群 $GL(2)$ の部分集合で，それ自身で群になっているもの（部分群）はいろいろある．それを順に挙げてみよう．

正の１次変換

例 1. １次変換　$x'=ax+by,\ y'=cx+dy\quad (\varDelta=ad-bc>0)$ の全体

これが条件（Ⅰ）（Ⅱ）（Ⅲ）をみたすことを確かめればよい．（Ⅰ）と（Ⅲ）については，行列でいうと，

$$|A|>0,\ |B|>0 \text{ ならば, } |BA|>0, \qquad |A|>0 \text{ ならば } |A^{-1}|>0$$

ということで，これらは (9) (5) からすぐにわかる．また（Ⅱ）は明らかである．

原点固定のアフィン変換

一般に１次変換は，デカルト座標 (x, y) を考えた平面上での点の変換をみると，アフィン変換である．$\varDelta>0$ ならば，この変換でまわり向きが変らないことは，前号で示したところである．

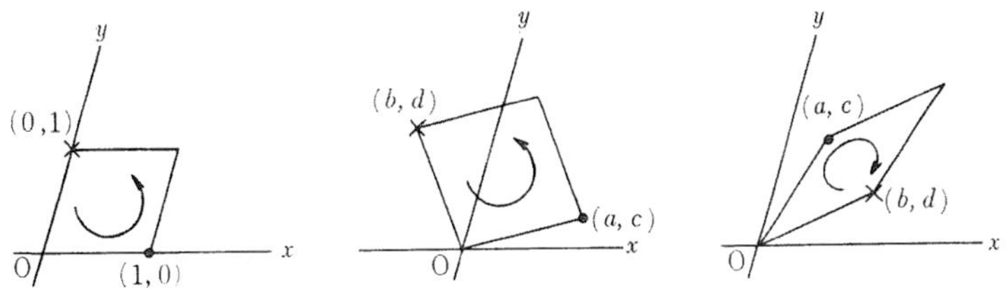

$\varDelta=ad-bc>0$　　　$\varDelta=ad-bc<0$

例 2. １次変換　$x'=ax+by,\ y'=cx+dy\quad (\varDelta=ad-bc=1)$ の全体

特殊１次変換群

これが群をなすことも容易にわかる．これを特殊１次変換群といい，$SL(2)$ で表わす．(x, y) を直角座標に考えた平面の上では，面積とまわり向きとを変えないアフィン変換になっている．また，$\varDelta=1$ という条件の代わりに $\varDelta=\pm1$ を考えても，これをみたす１次変換の全体が群をなすことに変わりはない．

整数を係数とする１次変換

例 3. １次変換　$x'=ax+by,\ y'=cx+dy\quad (a, b, c, d$ は整数，$\varDelta=ad-bc=1)$ の全体

これも群をなしている．この場合，（Ⅰ）（Ⅱ）（Ⅲ）については例 1,2 と同じように確かめられる．$\varDelta=1$ の代わりに，$\varDelta=\pm1$ としてもやはり群になるが，$\varDelta\neq0$ という条件だけではだめであることは，(2) によって次のようにしてわかる．(1) の逆変換 (2) で係数がすべて整数とすれば，a, b, c, d がすべて $\varDelta$ で割り切れることになり，

$$a=a'\varDelta,\quad b=b'\varDelta,\quad c=c'\varDelta,\quad d=d'\varDelta \qquad (a', b', c', d' \text{ は整数})$$

となる．このとき，

$$\varDelta=ad-bc=(a'd'-b'c')\varDelta^2$$

となって，$\varDelta$ が $\varDelta^2$ で割り切れることになる．だから $\varDelta=\pm1$ でなければならない．

格子点の変換

この例３の１次変換は，座標平面の上では整数を座標にもつ点（格子点という）の全体をそれ自身の上へ移す表向きの変換である．

2次元の回転群

例 4. $x'=x\cos\theta-y\sin\theta,\ y'=x\sin\theta+y\cos\theta\quad (\theta$ は任意の実数）の全体

これが，直角座標を考えた平面の上で点 (x, y) を原点のまわりに角 θ だけ回転する操作を表わすことは，よく知られている．したがって，この変換の全体が群をなすとも容易にわかる．これに対して，

双曲線関数

$$\cosh t=\frac{1}{2}(e^t+e^{-t}), \qquad \sinh t=\frac{1}{2}(e^t-e^{-t}) \tag{10}$$

という記号を使って考えた

$$x'=x\cosh t+y\sinh t, \qquad y'=x\sinh t+y\cosh t \qquad (t \text{ は任意の実数}) \tag{11}$$

回転に類似の変換

という1次変換 $(x,y)\to(x',y')$ の全体も群をなしている．そのことは，

$$\begin{aligned}&\cosh 0=1, \qquad \sinh 0=0, \qquad (\cosh t)^2-(\sinh t)^2=1\\ &\cosh(u+v)=\cosh u\cosh v+\sinh u\sinh v\\ &\sinh(u+v)=\sinh u\cosh v+\cosh u\sinh v\end{aligned} \tag{12}$$

などという公式から確かめることができる．

Q．$\cosh t$ や $\sinh t$ は双曲線関数といわれるもので，その理由は，t を媒介変数として，

$$x=\cosh t, \qquad y=\sinh t \tag{13}$$

が双曲線を表わすことによることは，習ったことがあります．ところで，変換 (11) はどんな意味があるのでしょうか．

A．正確にいうと，(13) は双曲線 $x^2-y^2=1$ の $x>0$ の部分を表わすのです．(13) と円を比較して考えることは，大変興味のあることです．

$$x=\cos\theta, \quad y=\sin\theta \quad \text{は 円} \quad x^2+y^2=1 \quad \text{を表わす} \tag{14}$$

円と直角双曲線の類比を考える．

ということはよく知っていますね．これに対して，

$$x=\cosh t, \quad y=\sinh t \quad \text{は双曲線の半分} \quad x^2-y^2=1\ (x>0) \quad \text{を表わす} \tag{15}$$

のですから，このことから t の意味を考えてみましょう．円の場合，点 $(1,0)$ を A，点 $(\cos\theta,\ \sin\theta)$ を P とすると，

$$\angle \mathrm{AOP}=\theta, \qquad \widehat{\mathrm{AP}}=\theta \tag{16}$$

円 → 直角双曲線
角はだめ
弧の長さもだめ
面積でうまくいく

となっているが，これらのことは t には通用しない．実は，

$$\text{扇形 AOP の面積}=\frac{1}{2}\theta$$

ということは，(13) の t にも通用するのです．つまり，点 $(1,0)$ を A，点 $(\cosh t,\ \sinh t)$ $(t>0)$ を P としますと，

$$\text{線分 OA, OP と双曲線弧 AP のかこむ面積}=\frac{1}{2}t$$

となるのです．これは積分で確かめられます．

Q．面白いことですね．単純な類推ではちょっとわからないことですね．ところで，このことと (11) とはどう関連するのですか．

A．それは，双曲線上の点を $x=\cosh\alpha$, $y=\sinh\alpha$ で表わしますと，変換 (11) によってこの点は，

$$x=\cosh(t+\alpha), \qquad y=\sinh(t+\alpha)$$

へ移るのです．このことは (12) によってわかります．

Q．この変換 (11) は応用があるのでしょうか．

A．非ユークリッド幾何とか，特殊相対性理論というものの基本になるもので，とても大切なのです．

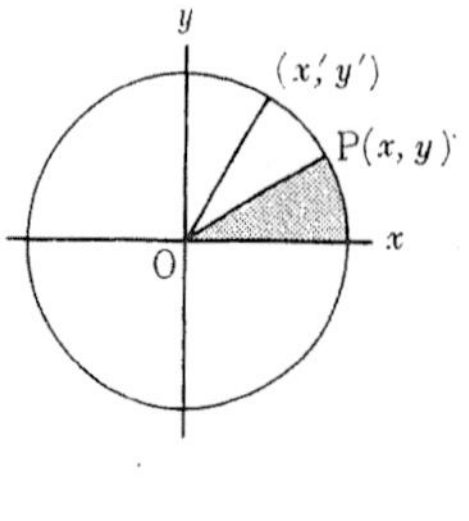

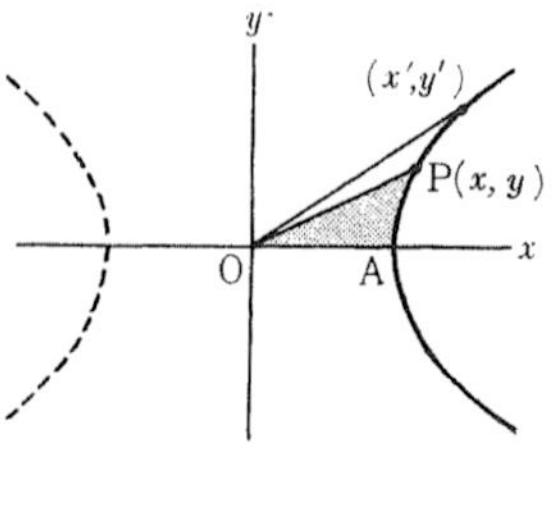

2. 群と1次変換

1次変換群は，いろいろな群の中で中心的な位置を占めるものであって，一般の群も1次変換群と関係づけて考えることによって，その構造がよくわかることが多い．ここでは，そのほんの1つの例として，3つのものの並べかえの群について，このようなことを扱ってみよう．

群→1次変換群

一般に，いくつかのものの並びがあるとき，これを並べかえることを置換という．たとえば3つの文字 x, y, z について，

置換

$$(x, y, z) \longrightarrow (y, z, x) \tag{1}$$

というようにかえることである．このような並びかえの全体は $3!=6$ 個あって，これが群をなしていることは，容易にわかる．この群を1次変換群で表わすことを考えてみよう．この場合，たとえば上の置換(1)は，

$$x'=y, \quad y'=z, \quad z'=x \tag{2}$$

による $(x, y, z) \to (x', y', z')$ という1次変換とみられる．これは，3次の行列を使って

$$\begin{pmatrix} x' \\ y' \\ z' \end{pmatrix} = \begin{pmatrix} 0 & 1 & 0 \\ 0 & 0 & 1 \\ 1 & 0 & 0 \end{pmatrix} \begin{pmatrix} x \\ y \\ z \end{pmatrix}$$

3次の行列による表示

と表わすことができるわけであるが，これを2次の行列で表わすこともできる．それは，次のようである．

まず，(2) から $\qquad x'+y'+z'=x+y+z$

であることがわかる．いま，

変換における不変換

$$x+y+z=0 \tag{3}$$

という条件をつけて考えても変換であることには変わりはない．そこで z, z' を考えに入れないことにすれば，(1) は，

$$x'=y, \quad y'=-x-y$$

となる．つまり，(2) を (3) の場合に制限すれば，この1次変換 $(x, y) \to (x', y')$ になるのである．これは行列で表わせば，

変数2つの場合への帰着

$$\begin{pmatrix} x' \\ y' \end{pmatrix} = \begin{pmatrix} 0 & 1 \\ -1 & -1 \end{pmatrix} \begin{pmatrix} x \\ y \end{pmatrix}$$

行列での表示

さらに，$\quad X'=\begin{pmatrix} x' \\ y' \end{pmatrix}, \quad X=\begin{pmatrix} x \\ y \end{pmatrix}, \quad A=\begin{pmatrix} 0 & 1 \\ -1 & -1 \end{pmatrix}$ とおくと，$\quad X'=AX$

となる．この要領で，3つのものの置換をすべて2変数の1次変換で表わしてみると，

3変数の置換を2変数の1次変換で表わす

$$x'=x, \quad y'=y, \quad z'=z \cdots\cdots x'=x, \quad y'=y, \qquad \begin{pmatrix} x \\ y \end{pmatrix} = \begin{pmatrix} 1 & 0 \\ 0 & 1 \end{pmatrix} \begin{pmatrix} x \\ y \end{pmatrix} \tag{4}$$

$$x'=y, \quad y'=z, \quad z'=x \cdots\cdots x'=y, \quad y'=-x-y \qquad \begin{pmatrix} x' \\ y' \end{pmatrix} = \begin{pmatrix} 0 & 1 \\ -1 & -1 \end{pmatrix} \begin{pmatrix} x \\ y \end{pmatrix} \tag{5}$$

$$x'=z, \quad y'=x, \quad z'=y \cdots\cdots x'=-x-y, \quad y'=x \qquad \begin{pmatrix} x' \\ y' \end{pmatrix} = \begin{pmatrix} -1 & -1 \\ 1 & 0 \end{pmatrix} \begin{pmatrix} x \\ y \end{pmatrix} \tag{6}$$

$$x'=y, \quad y'=x, \quad z'=z \cdots\cdots x'=y, \quad y'=x \qquad \begin{pmatrix} x' \\ y' \end{pmatrix} = \begin{pmatrix} 0 & 1 \\ 1 & 0 \end{pmatrix} \begin{pmatrix} x \\ y \end{pmatrix} \tag{7}$$

$$x'=z, \quad y'=y, \quad z'=x \cdots\cdots x'=-x-y, \quad y'=y \qquad \begin{pmatrix} x' \\ y' \end{pmatrix} = \begin{pmatrix} -1 & -1 \\ 0 & 1 \end{pmatrix} \begin{pmatrix} x \\ y \end{pmatrix} \tag{8}$$

$$x'=x, \quad y'=z, \quad z'=y \cdots\cdots x'=x, \quad y'=-x-y \qquad \begin{pmatrix} x' \\ y' \end{pmatrix} = \begin{pmatrix} 1 & 0 \\ -1 & -1 \end{pmatrix} \begin{pmatrix} x \\ y \end{pmatrix} \tag{9}$$

そこで，　$E=\begin{pmatrix}1 & 0\\ 0 & 1\end{pmatrix}$，　$A=\begin{pmatrix}0 & 1\\ -1 & -1\end{pmatrix}$，　$B=\begin{pmatrix}0 & 1\\ 1 & 0\end{pmatrix}$

とおくと，上の6つの変換の行列が次のようになっている．

$$E=\begin{pmatrix}1 & 0\\ 0 & 1\end{pmatrix},\quad A=\begin{pmatrix}0 & 1\\ -1 & -1\end{pmatrix},\quad A^2=\begin{pmatrix}-1 & -1\\ 1 & 0\end{pmatrix}$$

$$B=\begin{pmatrix}0 & 1\\ 1 & 0\end{pmatrix},\quad BA=\begin{pmatrix}-1 & -1\\ 0 & 1\end{pmatrix},\quad BA^2=\begin{pmatrix}1 & 0\\ -1 & -1\end{pmatrix}$$

3つのものの置換の群を行列で表わす．

そしてまた，　$A^3=E,\quad B^2=E,\quad AB=BA^2,\quad A^2B=BA$　(10)

であることを確かめることは，容易である．

こうして，3つのものの置換全体のつくる群（3次の対称群という）が上の6つの1次変換からなる群で表わされることになる．そして，この場合，

置換の合成には，対応する1次変換の合成が対応している

わけである．

一般に，2つの群 G, G' があって，G の G' 上への写像 $\varphi: a\to a'$ が考えられ，

G の任意の元 a, b について　$a\to a'$，$b\to b'$　のとき，$ab\to a'b'$

つまり，　$\varphi(ab)=\varphi(a)\varphi(b)$

となっているとき，$G\to G'$ は準同型であるといい，とくに φ が1対1のとき，同型という．さらに，$G\to G'$ が準同型で G' が1次変換群（つまり行列の群）のとき，G' は G の‘表現’(representation) であるという．ここで考えてきたのは，対称群 S_3 の2変数の1次変換（つまり2次の行列）による同型な表現である．

群の準同型
(homomorphism)
同型
(isomorphism)
表現という術語

Q．表現というのは，術語なのですね．

A．そうです．くわしくいえば，1次変換（または行列）による表現というところを，このように略称しているわけです．

Q．こうしたことの応用はあるのですか．

A．もともと，1次変換群は，群の中で最も典型的なもので，扱いやすいものです．だから，一般の群をこうしたもので表現することは，ごく自然なことです．いろいろと応用がありますが，原子物理学への応用は大変基本的です．

Q．もう1つ質問があります．前に，演習で，

$$\left.\begin{array}{lll} f_1(z)=z, & f_2(z)=\dfrac{1}{1-z}, & f_3(z)=\dfrac{z-1}{z}, \\ f_4(z)=\dfrac{1}{z}, & f_5(z)=1-z, & f_6(z)=\dfrac{z}{z-1} \end{array}\right\} \qquad (11)$$

という関数で，これらの合成を考えると，この6つの関数の中でおさまっていて，新しいもののでてこないということをやったことがあります．ここの話と何か関係があるような気がするのですが．

対称群 S_3 と1次分数変換群の同型

A．その通りです．(5) などから，

$$\frac{x'}{y'}=\frac{y}{-x-y}\qquad \text{これを}\qquad -\frac{x'}{y'}=\frac{1}{\dfrac{x'}{y'}+1}$$

として，　$z'=-\dfrac{x'}{y'},\quad z=-\dfrac{x}{y}$

とおきますと，　$z'=\dfrac{1}{1-z}$

他の5つについても同じようにすると，結局 (11) が出てきます．だから (4)-(9) のつくる1次変換群と (11) とは同型なのです．それには，次のことを確認しておく必要があり

ます．

$$f(z)=\frac{az+b}{cz+d},\qquad g(z)=\frac{pz+q}{rz+s}\ \text{のとき,}$$

$$g(f(z))=\frac{p(az+b)+q(cz+d)}{r(az+b)+s(cz+d)}=\frac{(pa+qc)z+(pb+qd)}{(ra+sc)z+(rb+sd)}$$

この係数の関係は，1次変換の合成（64ページ（4））と全く同じです．

ガロア

Q．おしまいにもう1つ質問させて下さい．群というのは，数学では随分大切な概念のようですが，それはどうしてなのですか．

群の有用性

A．それは大きい問題ですが，ごくかいつまんでいえば次のようでしょう．もとの起りは，ガロア（E. Galois 1811–1832）が代数方程式の根の置換群を考えて近代的な方程式論の基礎をきづいたのですが，現代数学でいえば，加法と減法，または乗法と除法という算法だけを考えた代数というのですから，基本的なものであるのは当然といえましょう．しかも，変換群の立場からいうと，これは図形の合同ということと密接に関連しているのです．いま，図形 F の集合 $\{F\}$ において，2つの図形の合同 $F_1\sim F_2$ ということについては，同値律

群と合同
同値律と群の公理

(1) $F\sim F$　(2) $F_1\sim F_2$ ならば $F_2\sim F_1$　(3) $F_1\sim F_2$, $F_2\sim F_3$ ならば $F_1\sim F_3$

が要請されます．これによって $\{F\}$ が合同なもの同士の組に分類されるわけです．ふつうの平面上でのユークリッド幾何で，表向きに合同というのは，

$$x'=x\cos\theta-y\sin\theta+a\qquad y'=x\sin\theta+y\cos\theta+b$$

による変換 $(x, y)\to(x', y')$ で移れるということです．そしてこのとき上の (1) (2) (3) が成り立ちますが，これはこの変換の全体が群をなすことによるのです．

一般の合同

一般に，図形の集合 $\{F\}$ に働く変換の集合 G があって，これが群をなしているとき，2つの図形 F_1, F_2 について，

F_1 が F_2 に G の変換を施したものであるときに　$F_1\sim F_2$

とすると，群の公理から上の合同条件 (1) (2) (3) が成り立つことがわかるのです．こうしたことを明確にしたのは，クライン（F. Klein 1849–1925）です．詳しいことは，また他の機会にゆっくりお話ししましょう．

クライン

練習問題

1. 次の各条件をみたす $x'=ax+b$ による変換 $x\to x'$ の全体はそれぞれ群をなすことを示せ．

(1) $a\neq 0$　(2) $a>0$　(3) $a=\pm 1$　(4) $a=1$

2. 次の式による変換 $(x, y)\to(x', y')$ の全体は群をなすか．もし，群にならないとすれば，どのような条件をつけ加えれば群になるか．

$$x'=ax+by,\qquad y'=bx+ay\qquad (a+b=1)$$

3. 次のような2次の行列の全体は，乗法についてそれぞれ群をなすか．すべて $a\neq 0$ とする．

(1) $\begin{pmatrix}1 & a\\ 0 & 1\end{pmatrix}$　(2) $\begin{pmatrix}1 & 0\\ 0 & a\end{pmatrix}$　(3) $\begin{pmatrix}1 & 1\\ 0 & a\end{pmatrix}$

4. 文字はすべて複素数とするとき，

$$z_1'=az_1+bz_2,\qquad z_2'=-\bar{b}z_1+\bar{a}z_2\qquad (a\bar{a}+b\bar{b}=1)$$

という1次変換 $(z_1, z_2)\to(z_1', z_2')$ の全体は群をなすことを証明せよ．

5.　平面上で，

$$x'=ax+by+k, \qquad y'=cx+dy+l \qquad (ad-bc\neq 0)$$

による変換 $(x, y)\to(x', y')$ の全体は群をなすことを示せ．

また，この変換で移れる２つの図形を‘合同’と呼ぶことにすると，

任意の２つの三角形は合同である

ことを証明せよ．

答とヒント

2.　$a=b=\frac{1}{2}$ のときは，逆変換が考えられない．これを除くと残りは群をなす．つまり，$a\neq b$ という条件があればよい．

3.　(1)　群にならない　　(2)　群になる　　(3)　群にならない

5.　$O(0,0)$，$E_1(1,0)$，$E_2(0,1)$ を頂点とする三角形が任意の三角形に合同になることがわかれば，同値律によって，任意の２つの三角形が合同になることがわかる．$\triangle OE_1E_2$ を $A(k, l)$，$B(p, q)$，$C(r, s)$ を頂点とする三角形へ移すには，

$$x'=(p-k)x+(r-k)y+k$$
$$y'=(q-l)x+(s-l)y+l$$

という変換によればよい．

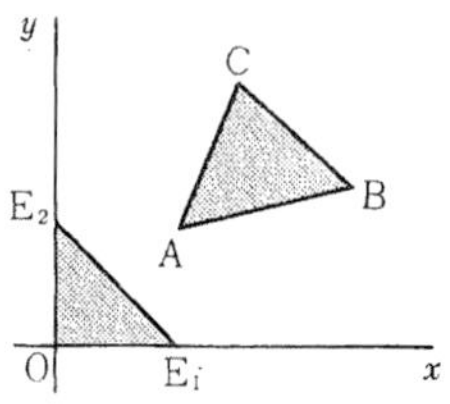

（くりた　みのる　名古屋大）

鏡映群の話

――5――

岩堀長慶

1. 合同変換の分類の問題

n 次元ユークリッド空間 $E=\boldsymbol{R}^n$ の合同変換を**分類する**という問題を考える．$\varphi\in I(E)$ と $\psi\in I(E)$ とが“本質的”に同じものであるという概念をまずはっきりさせねばならない．それはもちろん合同変換を扱う目的に応じて，種々の立場が可能となるわけであるが，これから述べるのは，次のような意味のものである．定義を述べる前に，若干の例によりそのような定義に至る“感覚的な根拠”を説明しよう．

$n=1$ のとき，$\boldsymbol{R}^1=\boldsymbol{R}$ の合同変換は，既にわかっている（第3回）ように，次のものですべて与えられる．

(イ) 恒等変換 id_E

(ロ) 平行移動 $\tau_c: x\longmapsto x+c \quad (c\neq 0)$

(ハ) 鏡　映 $s_\alpha: x\longmapsto -x+2\alpha$

まず (イ) の恒等変換は，他の (ロ) と (ハ) とはどう考えても異なる感じがする．id_E は $\boldsymbol{R}$ の各点を固定しているのに，平行移動 τ_c $(c\neq 0)$ はいかなる点も固定しないし，また鏡映 s_α の固定する点は，点 α のみであるからである．同様な理由（固定する点の個数を比べるということ）で，(ロ) の平行移動は (ハ) の鏡映とは異なる感じがするのは否めない．

それでは2つの平行移動 τ_c と τ_d $(c\neq 0, d\neq 0)$ とについてはどうであろうか？ まずその大きさ $|c|$ と $|d|$ とが異なれば，移動距離が異なるから，本質的相異があると“感じられる”．例えば τ_{10} と τ_{20}．しかし，$d=-c$ ならば，これは直線 $\boldsymbol{R}$ を右から左へ眺めるのと，左から右へ眺めるのとの相異さえ無視すれば，同じであるという感じがする．

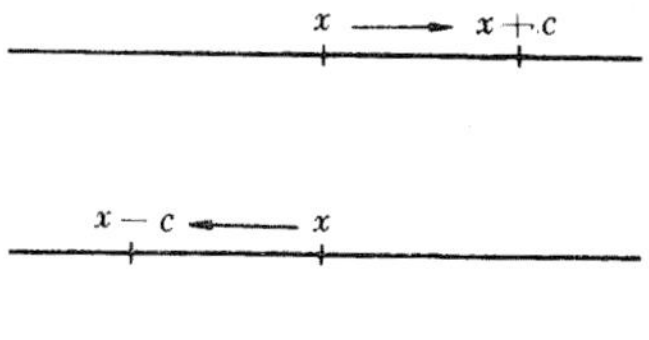

次に2つの鏡映 s_α と s_β とは，直線上の原点に拘わらなければ，α を中心とする折返しと β を中心とする折り返しに過ぎない．つまりどちらも1点に関する折り返しに他ならぬから，本質的に違うという感じはしないであろう．

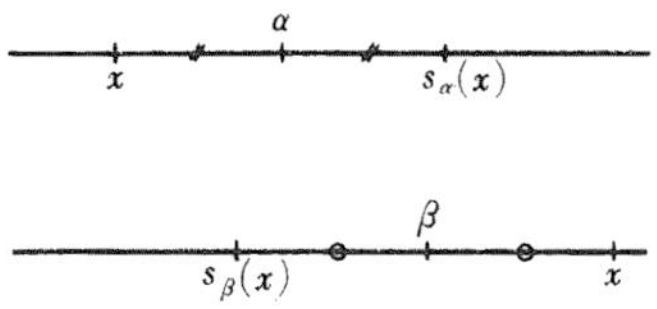

これらの感覚を一つの定義にまとめたいわけである．途中の試行錯誤的段階のいろいろな試みを省略して，結論的な定義（上記の感じの**定式化** (formulation)！）を述べよう．

定義 n 次元ユークリッド空間 $E=\boldsymbol{R}^n$ の2つの合同変換 φ と ψ が，**同じ型をもつ**とは，E の適当な2つの座標系 $\Sigma=(f_0, f_1, \cdots, f_n)$ と $\Sigma'=(f_0', f_1', \cdots, f_n')$ とをとれば，Σ に関する φ の行列が Σ' に関する ψ の行列に一致することをいう．このとき，

$$\varphi\sim\psi$$

と書く．

従って

$$\varphi\sim\psi \iff \begin{array}{l}\tilde{A}_{\varphi,\Sigma}=\tilde{A}_{\psi,\Sigma'} \text{ を満たす座}\\ \text{標系 } \Sigma, \Sigma' \text{ が存在する．}\end{array}$$

2. 共役な合同変換

上に定義した $\varphi, \psi\in I(E)$ が同じ型をもつという概念は同値関係であってほしい．（そうでないと，同じ型をもつという表現ははなはだ不適切な，いや不適切どころか不当なものになってしまう．）

まず

$$\varphi\sim\varphi \quad \text{（反射性）}$$

は明らかである．（Σ として任意の座標系をとり，$\Sigma'=\Sigma$ とおけばよいから．）次に

$$\varphi\sim\psi \Rightarrow \psi\sim\varphi \quad \text{（対称性）}$$

も定義から明らかである．問題は

$$\varphi\sim\psi,\ \psi\sim\theta \Rightarrow \varphi\sim\theta \quad \text{（推移性）}$$

である．つまり

$$\tilde{A}_{\varphi,\Sigma}=\tilde{A}_{\psi,\Sigma'},\qquad \tilde{A}_{\psi,\Sigma^*}=\tilde{A}_{\theta,\Sigma^{**}}$$

を満たす座標系 Σ, Σ', Σ^*, Σ^{**} があるとき，座標系 Σ_1, Σ_2 を見出して，

$$\tilde{A}_{\varphi,\Sigma_1}=\tilde{A}_{\theta,\Sigma_2}$$

が成り立つように出来ることを示さねばならない．このことを，ちょっと別の観点から行なう．それは $\varphi\sim\psi$ ということの定義を別の形にとらえるのである．

定理 1. $\varphi\in I(E)$, $\psi\in I(E)$ に対して，$\varphi\sim\psi$ が成り立つための必要十分条件は，合同変換 σ が存在して，

$$\psi=\sigma\circ\varphi\circ\sigma^{-1}$$

を満たすことである．

（証明） まず $\varphi\sim\psi$ としよう．すると E の座標系 $\Sigma=(f_0, f_1, \cdots, f_n)$ と $\Sigma'=(f_0', f_1', \cdots, f_n')$ とが存在して $\tilde{A}_{\varphi,\Sigma}=\tilde{A}_{\psi,\Sigma'}$ となる．

さて，$\sigma(f_i)=f_i'$ $(i=0, 1, \cdots, n)$ を満たす合同変換 σ が一意確定する（第4回，定理4）．すると σ が求めるものになる．実際

$$\begin{cases}\varphi(f_0)-f_0=\sum_{i=1}^{n}\alpha_i(f_i-f_0)\\ L_\varphi(f_i-f_0)=\varphi(f_i)-\varphi(f_0)=\sum_{j=1}^{n}\alpha_{ji}(f_j-f_0)\end{cases}$$

とおけば，$\tilde{A}_{\varphi,\Sigma}=\tilde{A}_{\psi,\Sigma'}$ により

$$\begin{cases}\psi(f_0')-f_0'=\sum_{i=1}^{n}\alpha_i(f_i'-f_0')\\ L_\psi(f_i'-f_0')=\psi(f_i')-\psi(f_0')=\sum_{j=1}^{n}\alpha_{ji}(f_j'-f_0')\end{cases}$$

が成り立つ．さて

$$\begin{aligned}\sigma(\varphi(f_0))-\sigma(f_0)&=L_\sigma(\varphi(f_0)-f_0)\\&=L_\sigma\Big(\sum_{i=1}^{n}\alpha_i(f_i-f_0)\Big)\\&=\sum_{i=1}^{n}\alpha_iL_\sigma(f_i-f_0)=\sum_{i=1}^{n}\alpha_i(\sigma(f_i)-\sigma(f_0))\\&=\sum_{i=1}^{n}\alpha_i(f_i'-f_0')=\psi(f_0')-f_0'\end{aligned}$$

$$\therefore\quad \sigma(\varphi(f_0))-\sigma(f_0)=\psi(\sigma(f_0))-\sigma(f_0)$$

$$\therefore\quad \sigma(\varphi(f_0))=\psi(\sigma(f_0)).$$

次に

$$\begin{aligned}\sigma(\varphi(f_i))-\sigma(\varphi(f_0))&=L_\sigma(\varphi(f_i)-\varphi(f_0))\\&=L_\sigma\Big(\sum_{j=1}^{n}\alpha_{ji}(f_j-f_0)\Big)=\sum_{j=1}^{n}\alpha_{ji}L_\sigma(f_j-f_0)\\&=\sum_{j=1}^{n}\alpha_{ji}(\sigma(f_j)-\sigma(f_0))=\sum_{j=1}^{n}\alpha_{ji}(f_j'-f_0')\\&=\psi(f_i')-\psi(f_0')=\psi(\sigma(f_i))-\psi(\sigma(f_0))\end{aligned}$$

$$\therefore\quad \sigma(\varphi(f_i))-\sigma(\varphi(f_0))=\psi(\sigma(f_i))-\psi(\sigma(f_0))\qquad (i=1, \cdots, n).$$

ところが $\sigma(\varphi(f_0))=\psi(\sigma(f_0))$ はすでに上に示されているから，上式から，$\sigma(\varphi(f_i))=\psi(\sigma(f_i))$ $(i=1, \cdots, n)$

よって，

$$(*)\qquad (\sigma\circ\varphi)(f_i)=(\psi\circ\sigma)(f_i)\qquad (i=0, 1, \cdots, n)$$

が成り立つ．いま $(\sigma\circ\varphi)(f_i)=(\psi\circ\sigma)(f_i)=p_i$ $(i=0, 1, \cdots, n)$ とおくと，$(p_0, p_1, \cdots, p_n)$ も座標系である（第4回，定理5，(i)）．ところが座標系 $(f_0, f_1, \cdots, f_n)$ の第 i 基点をそれぞれ座標系 $(p_0, p_1, \cdots, p_n)$ の第 i 基点に移すような合同変換は一意的（第4回，定理4）であったから $(*)$ より

$$\sigma\circ\varphi=\psi\circ\sigma$$

$$\therefore\quad \psi=\sigma\circ\varphi\circ\sigma^{-1}$$

逆に，$\psi=\sigma\circ\varphi\circ\sigma^{-1}$ を満たすような合同変換 σ が存在したとして，$\varphi\sim\psi$ を示そう．$\Sigma=(f_0, f_1, \cdots, f_n)$ を任意の座標系とする．座標系 $\Sigma'=\sigma(\Sigma)=(\sigma(f_0), \sigma(f_1), \cdots, \sigma(f_n))$ が $\tilde{A}_{\varphi,\Sigma}=\tilde{A}_{\psi,\Sigma'}$ を満たすことを示そう．いま

$$\begin{cases}\varphi(f_0)-f_0=\sum_{i=1}^{n}\alpha_i(f_i-f_0)\\ L_\varphi(f_i-f_0)=\varphi(f_i)-\varphi(f_0)=\sum_{j=1}^{n}\alpha_{ji}(f_j-f_0)\end{cases}$$

とおき，かつ $\sigma(f_i)=f_i'$ $(i=0, 1, \cdots, n)$ とおく．すると

$$\sigma\circ\varphi=\psi\circ\sigma$$

であるから，

$$\begin{aligned}\psi(f_0')-f_0'&=\psi(\sigma(f_0))-\sigma(f_0)\\&=\sigma(\varphi(f_0))-\sigma(f_0)\\&=L_\sigma(\varphi(f_0)-f_0)=L_\sigma\Big(\sum_{i=1}^{n}\alpha_i(f_i-f_0)\Big)\\&=\sum_{i=1}^{n}\alpha_iL_\sigma(f_i-f_0)=\sum_{i=1}^{n}\alpha_i(\sigma(f_i)-\sigma(f_0))\\&=\sum_{i=1}^{n}\alpha_i(f_i'-f_0')\end{aligned}$$

となる．次に

$$\begin{aligned}\psi(f_i')-\psi(f_0')&=\psi(\sigma(f_i))-\psi(\sigma(f_0))\\&=\sigma(\varphi(f_i))-\sigma(\varphi(f_0))\\&=L_\sigma(\varphi(f_i)-\varphi(f_0))\\&=L_\sigma\Big(\sum_{j=1}^{n}\alpha_{ji}(f_j-f_0)\Big)\\&=\sum_{j=1}^{n}\alpha_{ji}(\sigma(f_j)-\sigma(f_0))=\sum_{j=1}^{n}\alpha_{ji}(f_j'-f_0')\end{aligned}$$

よって，

$$\tilde{A}_{\varphi,\Sigma}=\tilde{A}_{\psi,\Sigma'}$$

が成り立っている．（証明終）

群論では，一般に群 G の2元 x, y に対して

$$y = zxz^{-1}$$

を満たす元 $z \in G$ が存在するとき，x と y は G において**共役** (conjugate) であるという．この用語を用いると，$\varphi \in I(E)$, $\psi \in I(E)$ に対して，

$$\varphi \sim \psi \iff \varphi \text{ と } \psi \text{ は } I(E) \text{ において共役}$$

という命題が定理1に他ならない．

さて，定理1の系として，残っていた推移性を得る：

系 1. $\varphi, \psi, \theta \in I(E)$, $\varphi \sim \psi$, $\psi \sim \theta$ ならば $\varphi \sim \theta$

(証明) $\sigma, \tau \in I(E)$ が存在して ($\varphi \circ \sigma^{-1}$ を $\varphi\sigma^{-1}$ の如く略記して)

$$\sigma\varphi\sigma^{-1} = \psi, \qquad \tau\psi\tau^{-1} = \theta$$

となる．

$$\therefore \quad \theta = \tau\sigma\varphi\sigma^{-1}\tau^{-1} = (\tau\sigma)\varphi(\tau\sigma)^{-1}$$

$$\therefore \quad \theta \sim \varphi$$ (証明終)

もう一つ，定理1の証明を注意深く読んだ方は気づかれたと思うが，次の事がその中で証明されている．

系 2. $\varphi, \psi \in I(E)$, $\varphi \sim \psi$ とする．すると任意の座標系 Σ に対して，座標系 Σ' が存在して

$$\tilde{A}_{\varphi, \Sigma} = \tilde{A}_{\psi, \Sigma'}$$

となる．

(証明) $\sigma\varphi\sigma^{-1} = \psi$ なる $\sigma \in I(E)$ が存在する．Σ' としては $\sigma(\Sigma)$ をとればよい．

3. 同じ型の平行移動

定理 2. (i) $\tau_c : x \longmapsto x + c$ を平行移動とすると，τ_c と同じ型をもつ合同変換 φ は必ず平行移動である．

(ii) 2つの平行移動 $\tau_c : x \longmapsto x + c$ と $\tau_{c'} : x \longmapsto x + c'$ とが同じ型をもつための必要十分条件は，$\|c\| = \|c'\|$ である．

(証明) (i) $\sigma\tau_c\sigma^{-1} = \varphi$ なる $\sigma \in I(E)$ があったとしよう．このときある $d \in E$ に対して $\varphi = \tau_d$ であることを示そう．それには次の公式

$$\sigma\tau_c\sigma^{-1} = \tau_d, \quad \text{ただし，} d = L_\sigma(c)$$

をいえばよい．さて，各 $x \in E$ に対して

$$\tau_c(x) - x = c$$

$$\therefore \quad \sigma(\tau_c(x)) - \sigma(x) = L_\sigma(\tau_c(x) - x) = L_\sigma(c) = d$$

$$\therefore \quad \sigma\tau_c(x) = \sigma(x) + d = \tau_d(\sigma(x))$$

$$\therefore \quad \sigma\tau_c = \tau_d\sigma \qquad \therefore \quad \sigma\tau_c\sigma^{-1} = \tau_d$$

(ii) $\sigma\tau_c\sigma^{-1} = \tau_{c'}$ とすれば，(i) に示したように，$\sigma\tau_c\sigma^{-1} = \tau_d$, $d = L_\sigma(c)$ であるから

$$\tau_d = \tau_{c'}$$

すなわち各 $x \in E$ に対して，$x + d = x + c'$ $\therefore$ $d = c'$

$$\therefore \quad c' = L_\sigma(c)$$

となる．L_σ は線型合同変換であるから，$\|c'\| = \|c\|$.

逆に，$\|c\| = \|c'\|$ とすると，原点 0 から c, c' へ至る距離は一致する：$\overline{0c} = \overline{0c'}$. よって，合同変換 σ が存在して，$\sigma(0) = 0$, $\sigma(c) = c'$ となる．さて，σ は原点を変えないから，その線型部分 L_σ と一致する：

$$\sigma = L_\sigma.$$

よって，$L_\sigma(c) = c'$ $\therefore$ $\tau_{c'} = \sigma\tau_c\sigma^{-1}$. (証明終)

4. 同じ型の鏡映

定理 3. (i) H を超平面とすると，鏡映 s_H と同じ型をもつ合同変換 φ は必ず鏡映である．

(ii) 任意の2つの鏡映は必ず同じ型をもつ．

(証明) (i) H の法線ベクトルを c として，H の方程式を

$$H : (x|c) = \alpha$$

とする．$\varphi = \sigma s_H \sigma^{-1}$ とする．このとき，超平面 H の像 $\sigma(H) = J$ も超平面であって，$\varphi = s_J$ となることをいえば十分である．まず J が超平面であることを示そう．H 上にない任意の点 p をとり，$s_H(p) = q$ とおけば，q も H 上になく，$p \neq q$ である．すると H は点 p, q の垂直2等分面となる．実際 p, q の垂直2等分面の方程式は $\overline{px} = \overline{xq}$, すなわち

$$\|p - x\|^2 = \|x - q\|^2, \quad \text{すなわち}$$

$$(p - x \mid p - x) = (x - q \mid x - q), \quad \text{すなわち}$$

$$(p|p) - 2(p|x) + (x|x) = (x|x) - 2(x|q) + (q|q)$$

すなわち

$$2(q - p \mid x) = (q|q) - (p|p)$$

であるが，一方 $s_H(p) = q$ により

$$q = p - 2\lambda c, \qquad \lambda = \frac{(p|c) - \alpha}{(c|c)}$$

である．そして，p, q の中点

$$m = \frac{1}{2}(p + q) = p - \lambda c$$

は H 上にある (鏡映の定義!)．よって，$(m|c) = \alpha$ であり，$q = m - \lambda c$ である．よって，

$$2(q - p \mid x) = -4\lambda(c|x)$$

一方

$$\begin{aligned}(q|q) - (p|p) &= (m - \lambda c \mid m - \lambda c) - (m + \lambda c \mid m + \lambda c) \\ &= \{(m|m) - 2\lambda(m|c) + \lambda^2(c|c)\} \\ &\quad - \{(m|m) + 2\lambda(m|c) + \lambda^2(c|c)\}\end{aligned}$$

$$=-4\lambda(m|c)=-4\lambda\alpha.$$

よって，p, q の垂直2等分面の方程式は

$$(*)\qquad -4\lambda(c|x)=-4\lambda\alpha$$

となる．ところが p が H 上にないから

$$\lambda=\frac{(p|c)-\alpha}{(c|c)}\neq 0$$

よって $(*)$ は

$$(c|x)=\alpha$$

となり，これは超平面 H の方程式に他ならない．これで，p, q の垂直2等分面が H であることがわかった．従って，$\sigma\in I(E)$ に対して，$\sigma(p), \sigma(q)$ の垂直2等分面が $\sigma(H)$ である．よって，$\sigma(H)=J$ も超平面である．さて次に，$\sigma s_H\sigma^{-1}=s_J$ であることを示そう．それには $\sigma s_H=s_J\sigma$ をいえばよい．いまもし $p\in H$ なら，$\sigma(p)\in\sigma(H)=J$ だから，

$$s_J\sigma(p)=\sigma(p)$$

一方，$s_H(p)=p$ だから

$$\sigma s_H(p)=\sigma(p)$$

$$\therefore\quad s_J\sigma(p)=\sigma s_H(p).$$

次に，$p\notin H$ とし，$s_H(p)=q$ とおく．すると上に見たように，$J=\sigma(H)$ は $\sigma(p), \sigma(q)$ の垂直2等分面だから，

$$s_J(\sigma(p))=\sigma(q)$$

$$\therefore\quad s_J(\sigma(p))=\sigma(q)=\sigma(s_H(p))$$

よって，E の各点 p に対して

$$s_J\sigma(p)=\sigma s_H(p)$$

となるから，$\sigma s_H=s_J\sigma\quad\therefore\quad \sigma s_H\sigma^{-1}=s_J$

(ii) 任意の2つの超平面 H, J に対して，合同変換 σ が存在して，$\sigma(H)=J$ となることをいえばよい．何故なら上の (i) に示したように，そのとき

$$\sigma s_H\sigma^{-1}=s_J$$

を得るからである．いま H 上にない点 p をとる．H の方程式を

$$H:\ (x|c)=\alpha$$

とし，$s_H(p)=q$ とおく．すると，上記に計算したように，

$$\overline{pq}=\|q-p\|=2|\lambda|\cdot\|c\|,\quad \lambda=\frac{(p|c)-\alpha}{(c|c)}$$

p, q の中点 $m=\frac{1}{2}(p+q)=p-\lambda c$ と p との距離は $\overline{pq}$ の半分の $|\lambda|\cdot\|c\|$ である．いま，

$$z_\rho=m+\rho c\qquad(\rho>0)$$

とおくと，点 z_ρ は H 上にない．何故なら

$$(z_\rho|c)=(m|c)+\rho(c|c)=\alpha+\rho(c|c)\neq\alpha$$

となるから．そして，距離 $\overline{z_\rho, s_H(z_\rho)}$ は

$$=\|s_H(z_\rho)-z_\rho\|=\left\|\frac{-2((z_\rho|c)-\alpha)}{(c|c)}c\right\|$$

$$=2\rho\|c\|$$

であるから，ρ が区間 $0<\rho<\infty$ 上を動くとき，区間 $(0, \infty)$ 上を連続的に動く．

さて，超平面 J 上にない点 r をとり，

$$s_J(r)=r'$$

とおく．距離 $\overline{rr'}$ が距離 $\overline{z_\rho, s_H(z_\rho)}$ に等しくなるような正数 ρ をとり，$z_\rho=z$, $s_H(z_\rho)=z'$ とおく：$\overline{rr'}=\overline{zz'}$ とすると合同変換 σ が存在して

$$\sigma(z)=r,\qquad \sigma(z')=r'$$

となる．(第3回，定理3)．よって，z, z' の垂直2等分面 H は，σ によって $\sigma(z)=r, \sigma(z')=r'$ の垂直2等分面 J に移る：$\sigma(H)=J$．(証明終)

この定理3から，鏡映の符号が -1 であるという既述の事実（第4回，補題1）の別証明が得られる．前に第4回の補題1の証明の所で述べたのは，一寸むつかしいこと（行列の固有値など）を使ったので，ここで定理3の応用として別証明を述べておく．まず一般に，合同変換 φ と ψ とが同じ型をもてば，ある $\sigma\in I(E)$ に対して

$$\psi=\sigma\varphi\sigma^{-1}$$

となるから，

$$\varepsilon(\psi)=\varepsilon(\sigma)\varepsilon(\varphi)\varepsilon(\sigma)=\varepsilon(\varphi)$$

となる．すなわち

$$\varphi\sim\psi\ \Rightarrow\ \varepsilon(\varphi)=\varepsilon(\psi)$$

である．

よって，鏡映 σ に対して，$\varepsilon(\sigma)=-1$ をいうには，定理3から，ある特定の鏡映 s について，$\varepsilon(s)=-1$ をいえばよい．s としてなるべく簡単なものをとることにより，目的を達するのである．いま超平面として，$\boldsymbol{R}^n$ の点 $x=(x_1, \cdots, x_n)$ で，$x_1=0$ を満たすもの全体のなす超平面 H をとる．$e_1=(1, 0, \cdots, 0)$ とおくと，

$$(e_1|x)=0$$

が H の方程式である．よって，点 $z=(z_1, \cdots, z_n)$ に対して，

$$s_H(z)=z-\frac{2(z|e_1)}{(e_1|e_1)}e_1=z-2z_1\cdot e_1$$

$$=(-z_1, z_2, \cdots, z_n)$$

となる．従って，常用の座標系 $\boldsymbol{\Sigma}_0=(e_0, e_1, \cdots, e_n)$ に

対して，

$$s_H(e_0)=e_0,\quad s_H(e_1)=-e_1,\quad s_H(e_i)=e_i\ (2\leqq i\leqq n)$$

となる．よって，Σ_0 に関する s_H の行列は

$$\tilde{A}_{s_H,\,\Sigma_0}=\left(\begin{array}{cccc|c} -1 & & & & 0 \\ & 1 & & & \vdots \\ & & \ddots & & \vdots \\ & & & 1 & 0 \\ \hline 0 & 0 & \cdots & 0 & 1 \end{array}\right)\qquad (\text{空白部は凡て}\ 0)$$

となる．よってその行列式は $=-1$，よって，s_H の符号は -1 となる．

5. 直線 $\boldsymbol{R}^1$ の合同変換の分類

$E=\boldsymbol{R}^1$ の合同変換は，$\tau_0=id_E$，$\tau_c: x\longmapsto x+c$ $(c\neq 0)$ および $s_\alpha: x\longmapsto -x+2\alpha$ ですべて与えられる．鏡映 s_α はみな互いに同じ型である．平行移動については，上述より $\tau_c\sim\tau_{c'}\iff |c|=|c'|$ である．E の運動は平行移動に限る．

6. 平面 $\boldsymbol{R}^2$ の合同変換の分類 (その一，運動の分類)

まず運動を分類しよう．常用の座標系 (e_0, e_1, e_2) に関して，運動 $\varphi:(x, y)\longmapsto(x', y')$ の形は，

$$x'=\alpha+x\cos\theta-y\sin\theta$$
$$y'=\beta+x\sin\theta+y\cos\theta$$

の形になる．θ が 2π の倍数：$\theta=2\pi\nu$ (ν は整数) なら，

$$x'=\alpha+x$$
$$y'=\beta+y$$

となり，φ は平行移動になる．よって，θ が 2π の倍数でないとする．このとき，φ により固定される点が E 中に必ず丁度一つ存在する．すなわち

$$\begin{cases} x=\alpha+x\cos\theta-y\sin\theta \\ y=\beta+x\sin\theta+y\cos\theta \end{cases}$$

の解 $(x, y)\in\boldsymbol{R}^2$ が丁度一つ存在する．何故ならば，上の方程式を書きかえて

$$\begin{cases} (1-\cos\theta)x+y\sin\theta=\alpha \\ -x\sin\theta+(1-\cos\theta)y=\beta \end{cases}$$

として，係数行列式

$$\Delta=\begin{vmatrix} 1-\cos\theta & \sin\theta \\ -\sin\theta & 1-\cos\theta \end{vmatrix}$$

を見れば，

$$\Delta=(1-\cos\theta)^2+\sin^2\theta>0$$

となるからである．(もし $\Delta=0$ ならば，$\cos\theta=1$, $\sin\theta=0$ となり，θ は 2π の整数倍となる．)

よって，この固定点 (**不動点**ともいう) を f_0 とし，$f_1=f_0+e_1$, $f_2=f_0+e_2$ とおけば，

$$(f_i-f_0\,|\,f_j-f_0)=(e_i|e_j)=\delta_{ij}\qquad(1\leqq i,j\leqq 2)$$

となって，$\Sigma=(f_0, f_1, f_2)$ は一つの座標系になる．Σ に関して，φ の行列は，

$$\begin{pmatrix} \cos\theta & -\sin\theta & 0 \\ \sin\theta & \cos\theta & 0 \\ 0 & 0 & 1 \end{pmatrix}$$

となる．実際，$\varphi(f_0)=f_0$ より

$$\varphi(f_0)-f_0=0,$$
$$\begin{aligned}\varphi(f_1)-\varphi(f_0)&=L_\varphi(f_1-f_0)=L_\varphi(e_1)\\ &=\cos\theta\cdot e_1+\sin\theta\cdot e_2\\ &=\cos\theta(f_1-f_0)+\sin\theta(f_2-f_0),\\ \varphi(f_2)-\varphi(f_0)&=L_\varphi(f_2-f_0)=L_\varphi(e_2)\\ &=-\sin\theta\cdot e_1+\cos\theta\cdot e_2\\ &=-\sin\theta(f_1-f_0)+\cos\theta(f_2-f_0)\end{aligned}$$

となるからである．よって，φ は，Σ において，点 f_0 のまわりの角 θ だけの廻転 (f_1 軸から f_2 軸へ向かって) である．行列 $\tilde{A}_{\varphi,\Sigma}$ の trace

$$\mathrm{tr}(\tilde{A}_{\varphi,\Sigma})=1+2\cos\theta$$

は，同じ型の合同変換に対する不変量であったから，次の事がわかる．いま，点 p のまわりの角 θ だけの廻転 $\varphi_{p,\theta}$ と，点 q のまわりの角 θ' だけの廻転 $\psi_{q,\theta'}$ があったとする．簡単のため，廻転角 θ, θ' を

$$0\leqq\theta<2\pi,\qquad 0\leqq\theta'<2\pi$$

と規準化しておく．すると，もし $\varphi_{p,\theta}\sim\psi_{q,\theta'}$ ならば上述より

$$1+2\cos\theta=1+2\cos\theta'$$
$$\therefore\quad \cos\theta=\cos\theta'$$
$$\therefore\quad \theta=\theta'\quad \text{又は}\quad \theta+\theta'=2\pi$$

逆に $\theta=\theta'$ ならば，廻転 $\varphi_{p,\theta}$ と $\psi_{q,\theta'}$ とはそれぞれの座標系で同一の行列をもつから，$\varphi_{p,\theta}\sim\psi_{q,\theta}$ である．次に $\theta+\theta'=2\pi$ の場合を考えよう．これは $\theta'=-\theta$ の場合といってもよい．廻転の中心は，型が同じか否かを考えるときには無視してよいから，中心は原点としてよい．すると結局，2つの廻転 ((e_0, e_1, e_2) に関する行列で表わす)

$$A=\begin{pmatrix} \cos\theta & -\sin\theta & 0 \\ \sin\theta & \cos\theta & 0 \\ 0 & 0 & 1 \end{pmatrix}$$

と

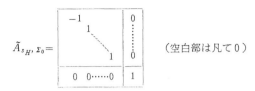

$$B=\begin{pmatrix}\cos(-\theta) & -\sin(-\theta) & 0\\ \sin(-\theta) & \cos(-\theta) & 0\\ 0 & 0 & 1\end{pmatrix}$$

$$=\begin{pmatrix}\cos\theta & \sin\theta & 0\\ -\sin\theta & \cos\theta & 0\\ 0 & 0 & 1\end{pmatrix}$$

とが同じ型をもつか否かを決める問題になる．実は，これは，次のような合同変換 C を考えると

$$B=CAC^{-1}$$

となるから，共役，すなわち同じ型になる．

$$C=\begin{pmatrix}0 & 1 & 0\\ 1 & 0 & 0\\ 0 & 0 & 1\end{pmatrix}$$

（C は，直線 $x=y$ に関する鏡映に他ならない）．

以上から，平面の運動は，id_E，平行移動 τ_c，および原点のまわりの廻転 f_θ $(0\leqq\theta<2\pi)$ のどれかと同じ型になることがわかる．従って，平面の運動（$\neq id_E$）は，必ず2個の鏡映の積となる．また廻転 f_θ と $f_{\theta'}$ $(0\leqq\theta,\ \theta'<2\pi)$ とが同じ型になるのは

$$\theta=\theta' \quad 又は \quad \theta+\theta'=2\pi$$

の時に限る．

7. 平面 R^2 の合同変換の分類（その二，裏返しの分類）

$E=\boldsymbol{R}^2$ の合同変換 φ が裏返し，すなわちその符号が -1 とする：$\varepsilon(\varphi)=-1$．既に述べた（第3回）ように，φ は高々3個の鏡映の積に書けるが，$\varepsilon(\varphi)=-1$ だから，φ は奇数個の鏡映の積である．よって，φ 自身鏡映であるか，或いは，φ は鏡映でなく，従って3個の鏡映の積になるかの何れかである．鏡映でないような裏返しが実際存在することは，φ として，

$$\varphi:(x,y)\longrightarrow(x',y')$$

$$\begin{cases}x'=-x\\ y'=y+1\end{cases}$$

をとればわかる．実際常用座標系 $\Sigma_0=(e_0,e_1,e_2)$ での φ の行列は

$$\tilde{A}_{\varphi,\Sigma_0}=\begin{pmatrix}-1 & 0 & 0\\ 0 & 1 & 1\\ 0 & 0 & 1\end{pmatrix}$$

であるから，$\varepsilon(\varphi)=\det(\tilde{A}_{\varphi,\Sigma_0})=-1$ で，φ は確かに裏返しである．

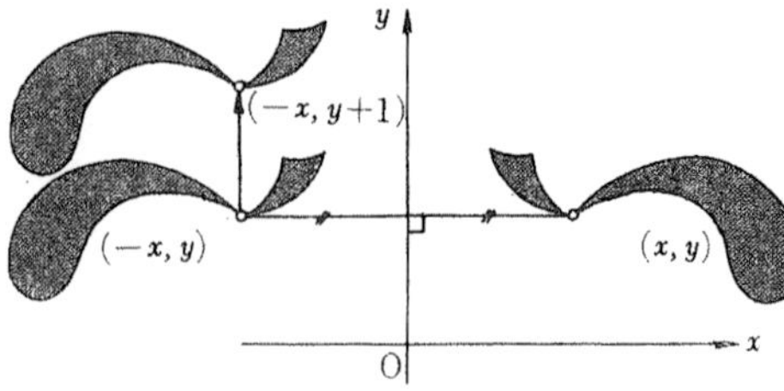

φ の不動点を考えよう．それは方程式

$$\begin{cases}x=-x\\ y=y+1\end{cases}$$

の解であるが，これが解を持たぬのは明らかである．従って，

φ は不動点を持たない

これにより，φ が鏡映ではないことがわかる．実際，もし φ が鏡映ならば，ある直線上のすべての点が φ の不動点になるからである．

このような“鏡映に非ざる裏返し”は，鏡映に比べて扱いが一寸厄介であるので，その分類は次回に述べる．しかし，上の例で次のことに注目されたい．φ は不動点は持ってないが，y 軸は全体として φ で不変である．実は，此の事実は，平面の裏返しについて成り立つ．すなわち，“$\boldsymbol{R}^2$ の裏返し φ に対して，$\varphi(l)=l$ を満たす直線 l が必ず存在する．φ は l 上に合同変換 τ をひきおこす．φ が鏡映のときは，τ は l の恒等変換である．φ が非鏡映のときは，τ は l の平行移動（$\neq id_l$）となる”．このことの証明も次回に述べるが，読者も暇があったら考えておいて頂きたい．（次下次号）

（いわほり　ながよし　東京大）

● 新刊ミニガイド

人間-機械系
——人による機械の制御——

井口雅一 著

情報科学講座の一つで，人間が機械を直接制御する場合の問題についてとり上げている．特に，人間-機械系の計画，設計の際に重要となる問題点が広く紹介されている．

（A5　172p　950円　共立出版）

コンピューター用語の常識

小野勝章・上村義明 著

「……だが私は読者のなかの1人に話しかけたかったのである．われわれの直面している計算機の時代をいっしょに考えてみたかったのである．……」という精神で書かれており，かたぐるしい用語の解説でなく，気軽に読める．

（218p　480円　日本評論社）

応用解析学

小郷寛・後藤尚久 共著

工学系の学生や技術者が効果的に数学の勉強ができるように，頻度の多い数学的手法が選択され，具体例とともに述べてある．

内容はベクトル解析，複素関数，フーリエ級数ならびに積分，ラプラス変換，円柱関数および球関数，楕円関数．

（A5　190p　850円　共立出版）

☆☆☆☆☆☆

論　理

森　脇　省　一

§14. 限定命題に関する法則

x の変域が有限集合でも，無限集合でも

$\forall xP[x]$ の真偽値は

$\boldsymbol{\Omega}$ の任意の元 a に対して $P[a]$ が T ならば T

$\boldsymbol{\Omega}$ の少なくとも1つの元 a に対して $P[a]$ が F なら F

$\exists xP[x]$ の真偽値は

$\boldsymbol{\Omega}$ の少なくとも1つの元 a に対して $P[a]$ が T なら T

$P[x]$ を T とする $\boldsymbol{\Omega}$ の元が存在しないとき F

である．従って，つぎのように外延化される．

$$\tau(\forall xP[x])=T \iff \boldsymbol{P}=\boldsymbol{\Omega}$$
$$\tau(\exists xP[x])=T \iff \boldsymbol{P}\neq\boldsymbol{\Phi}$$

また，上の定義から，つぎのことは明らかである．

$$\forall xP[x] \Rightarrow \exists xP[x]$$
$$\forall xP[x] \Rightarrow P[a] \quad (a \text{ は } \boldsymbol{\Omega} \text{ の任意の元}) \qquad (1)$$

$\boldsymbol{\Omega}$ が有限集合で，$\boldsymbol{\Omega}=\{x_1, x_2, \cdots, x_n\}$ のとき

$$\forall xP[x]=P[x_1]\land P[x_2]\land\cdots\land P[x_n]$$
$$\therefore \quad \neg\{\forall xP[x]\}=\neg P[x_1]\lor\neg P[x_2]\lor\cdots\lor\neg P[x_n]$$
$$=\exists x\neg P[x]$$

これは，ド・モルガンの法則の拡張であるが，$\boldsymbol{\Omega}$ が無限集合のときにも成り立つ．$\neg\{\exists xP[x]\}$ も同様．

$$\neg\{\forall xP[x]\} = \exists x\neg P[x]$$
$$\neg\{\exists xP[x]\} = \forall x\neg P[x] \qquad (2)$$

合成述語 $\neg P[x]$, $P[x]\land Q[x]$, $P[x]\lor Q[x]$, $P[x]\rightarrow Q[x]$ に対しても，$\forall x$, $\exists x$ をつけた命題が考えられる．

例　$\exists x(P[x]\lor Q[x])$, $\forall x(P[x]\rightarrow Q[x])$ を否定せよ．

$$\neg\{\exists x(P[x]\lor Q[x])\}$$
$$=\forall x\neg(P[x]\lor Q[x])=\forall x(\neg P[x]\land\neg Q[x])$$
$$\neg\{\forall x(P[x]\rightarrow Q[x])\}$$
$$=\exists x\neg\{\neg P[x]\lor Q[x]\}=\exists x(P[x]\land\neg Q[x])$$

問1　つぎの命題の T, F を判定し，かつ否定せよ．ただし，$\boldsymbol{\Omega}=\boldsymbol{R}$ とする．

(1) $\forall x(x^2>1\rightarrow x>1)$　(2) $\forall x(x^2>1\lor x<2)$

(3) $\exists x(x^2>1\land x\leqq 1)$　(4) $\forall x(x^2>2\rightarrow x^2>1)$

(5) $\exists x(x>1\rightarrow x^2>2)$　(6) $\exists x(x^2>1\rightarrow 0<x\leqq 1)$

$\forall x(P[x]\rightarrow Q[x])$ は，条件 P のもとで，条件 Q が必ず成立するという，自然科学や数学の一般法則を表わすのに用いられる形式である．アリストテレスに始まる伝統論理学では，命題をつぎの4種に分類している．

A：すべての S は P である（全称肯定）　$\forall xP[x]$

E：いかなる S も P でない（全称否定）　$\forall x\neg P[x]$

I：ある S は P である　　（特称肯定）　$\exists xP[x]$

O：ある S は P でない　　（特称否定）　$\exists x\neg P[x]$

限定命題の形式で表現すると右端のようになる．法則(2)により，A の否定は O，E の否定は I である．従って，A と O，E と I は，いずれも両立しないので，矛盾関係にあるという．また，$\boldsymbol{\Omega}\neq\boldsymbol{\Phi}$ のとき，(1)より

$$\forall xP[x] \Rightarrow \exists xP[x],\quad \forall x\neg P[x] \Rightarrow \exists x\neg P[x]$$

であるから，A と I，E と O には大小関係があるという．

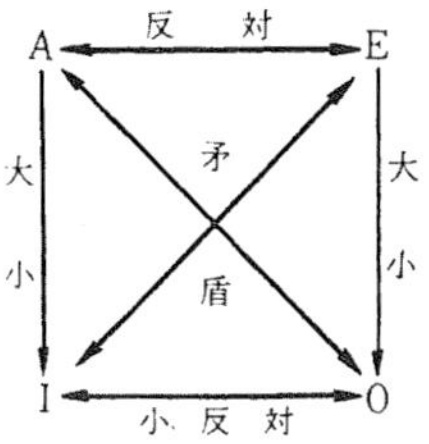

A と E とは矛盾関係はないが，ともに T となり得ないので反対関係があるという．I と O とは，ともに F とはなり得ないが，ともに T となり得るので，小反対関係にあるという．

さらに綿密に論理的分析を行うには，$\boldsymbol{\Omega}$ を適当に定めて，つぎの形式に書くことができる．

A′: $\forall x(S[x]\rightarrow P[x]) = \neg\exists x(S[x]\land\neg P[x])$

E′: $\forall x(S[x]\rightarrow\neg P[x]) = \neg\exists x(S[x]\land P[x])$

I′: $\exists x(S[x]\land P[x]) = \neg\forall x(S[x]\rightarrow\neg P[x])$

O′: $\exists x(S[x]\land\neg P[x]) = \neg\forall x(S[x]\rightarrow P[x])$

さらに，右辺のように変形すれば，A′ と O′，E′ と I′ が矛盾関係にあることがわかる．

問2　A′, E′, I′, O′ の形式では，大小，反対，小反対の関係は成立しない．それは，どのような場合か．

A′, E′, I′, O′ において，条件 S と条件 P の関係を，真理集合 $\boldsymbol{S}$ と $\boldsymbol{P}$ の関係に外延化して，ベン図で表わすと，つぎのようになる．

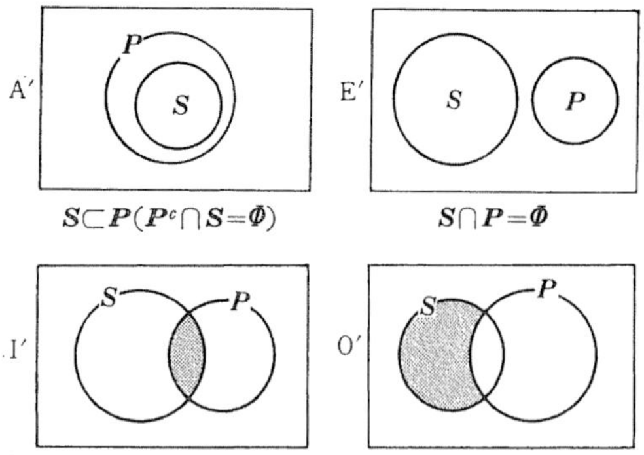

$\boldsymbol{S}\subset\boldsymbol{P}(\boldsymbol{P}^c\cap\boldsymbol{S}=\boldsymbol{\Phi})$　　$\boldsymbol{S}\cap\boldsymbol{P}=\boldsymbol{\Phi}$

$\boldsymbol{S}\cap\boldsymbol{P}\neq\boldsymbol{\Phi}$　　$\boldsymbol{S}\not\subset\boldsymbol{P}(\boldsymbol{P}^c\cap\boldsymbol{S}\neq\boldsymbol{\Phi})$

つぎに，限定命題を分解するときの法則をしらべよう．∀ は ∧ に対し，∃ は ∨ に対して分配的である．

$$\forall x(P[x]\wedge Q[x]) = \forall xP[x]\wedge\forall xQ[x]$$
$$\exists x(P[x]\vee Q[x]) = \exists xP[x]\vee\exists xQ[x] \qquad (3)$$

$\boldsymbol{\Omega}=\{x_1, x_2, x_3, \cdots\}$ とすると

$$\begin{aligned}&\forall x(P[x]\wedge Q[x])\\&=(P[x_1]\wedge Q[x_1])\wedge(P[x_2]\wedge Q[x_2])\\&\qquad\wedge(P[x_3]\wedge Q[x_3])\wedge\cdots\\&=(P[x_1]\wedge P[x_2]\wedge P[x_3]\wedge\cdots)\\&\qquad\wedge(Q[x_1]\wedge Q[x_2]\wedge Q[x_3]\wedge\cdots)\\&=\forall xP[x]\wedge\forall xQ[x]\end{aligned}$$

∀ と ∨，∃ と ∧ の関係は，つぎのようになる．

$$\forall xP[x]\vee\forall xQ[x] \Rightarrow \forall x(P[x]\vee Q[x])$$
$$\exists x(P[x]\wedge Q[x]) \Rightarrow \exists xP[x]\wedge\exists xQ[x] \qquad (4)$$

問3　(4) を証明せよ．また，(4) の逆が成立しないことを示す例を1つずつあげよ．

2変数の述語 $P[x, y]$ からは，つぎの8つの限定命題が得られる．

$\forall x\forall yP[x, y]$　　$\forall y\forall xP[x, y]$
$\exists x\forall yP[x, y]$　　$\exists y\forall xP[x, y]$
$\forall x\exists yP[x, y]$　　$\forall y\exists xP[x, y]$
$\exists x\exists yP[x, y]$　　$\exists y\exists xP[x, y]$

まず，次式が成立することを示そう．

$$\forall x\forall yP[x, y]=\forall y\forall xP[x, y]$$

$\boldsymbol{\Omega}_x=\{x_1, x_2, \cdots, x_m\}$，$\boldsymbol{\Omega}_y=\{y_1, y_2, \cdots, y_n\}$ とすると

$$\begin{aligned}&\forall x\forall yP[x, y]\\&=\forall yP[x_1, y]\wedge\forall yP[x_2, y]\wedge\forall yP[x_3, y]\wedge\cdots\\&=(P[x_1, y_1]\wedge P[x_1, y_2]\wedge P[x_1, y_3]\wedge\cdots)\\&\quad\wedge(P[x_2, y_1]\wedge P[x_2, y_2]\wedge P[x_2, y_3]\wedge\cdots)\\&\quad\wedge(P[x_3, y_1]\wedge P[x_3, y_2]\wedge P[x_3, y_3]\wedge\cdots)\\&\quad\wedge\cdots\cdots\cdots\cdots\\&=P[x_1, y_1]\wedge P[x_2, y_1]\wedge P[x_3, y_1]\wedge\cdots)\\&\quad\wedge(P[x_1, y_2]\wedge P[x_2, y_2]\wedge P[x_3, y_2]\wedge\cdots)\\&\quad\wedge(P[x_1, y_3]\wedge P[x_2, y_3]\wedge P[x_3, y_3]\wedge\cdots)\\&\quad\wedge\cdots\cdots\cdots\cdots\\&=\forall xP[x, y_1]\wedge\forall xP[x, y_2]\wedge\forall xP[x, y_3]\wedge\cdots\\&=\forall y\forall xP[x, y]\end{aligned}$$

同様にして $\exists x\exists yP[x, y]=\exists y\exists xP[x, y]$

$\forall x\forall y$, $\exists x\exists y$ は順序を交換できるから，$\forall x, y$，$\exists x, y$ と略記される．

$$\forall x\forall yP[x, y]=\forall y\forall xP[x, y]=\forall x, yP[x, y]$$
$$\exists x\exists yP[x, y]=\exists y\exists xP[x, y]=\exists x, yP[x, y] \qquad (5)$$

$\exists x\forall yP[x, y]$ と $\forall y\exists xP[x, y]$ の関係はどうであろうか．たとえば，

$$\boldsymbol{\Omega}_x=\{x_1, x_2, x_3\},\qquad \boldsymbol{\Omega}_y=\{y_1, y_2, y_3, y_4\}$$

とすると

$$\begin{aligned}\exists x\forall yP[x, y]&=\forall yP[x_1, y]\vee\forall yP[x_2, y]\\&\qquad\vee\forall yP[x_3, y]\\\forall y\exists xP[x, y]&=\exists xP[x, y_1]\wedge\exists xP[x, y_2]\\&\qquad\wedge\exists xP[x, y_3]\wedge\exists xP[x, y_4]\end{aligned}$$

$\exists x\forall yP[x, y]$ が T ということは，x_1, x_2, x_3 の少なくとも1つが，すべての y と P なる関係にあることを主張している．一方，$\exists y\forall xP[x, y]$ が T ということは，y_1 も y_2 も y_3 も y_4 も，少なくとも1つの x と P なる関係にあることを主張している．関係 P を → で示して図示すると

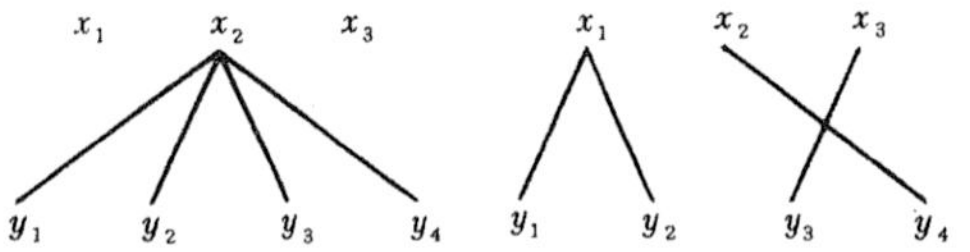

$\exists x\mathrm{A}yP[x, y]$　　$\forall y\exists xP[x, y]$

従って，$\exists x\forall yP[x, y] \Rightarrow \forall y\exists xP[x, y]$ は成立するがこの逆は成立しない．

$$\exists x\forall yP[x, y] \Rightarrow \forall y\exists xP[x, y]$$
$$\exists y\forall xP[x, y] \Rightarrow \forall x\exists yP[x, y] \qquad (6)$$

また，$\forall xP[x] \Rightarrow \exists xP[x]$ であったから

$$\forall x\forall yP[x, y] = \forall x\{\forall yP[x, y]\} \Rightarrow \exists x\{\forall yP[x, y]\}$$
$$\Rightarrow \exists x\{\exists yP[x, y]\} = \exists x\exists yP[x, y]$$

が成立する．図式的に書くと，

$$\forall x\forall yP[x, y] \longrightarrow \begin{cases} \exists x\forall yP[x, y] \\ \forall x\exists yP[x, y] \end{cases} \longrightarrow \exists x\exists yP[x, y]$$

また，否定の演算は，1変数の場合の法則をくりかえし適用すればよい．

$$\neg\{\forall x\forall yP[x, y]\} = \neg\{\forall x(\forall yP[x, y])\}$$
$$= \exists x\{\neg(\forall yP[x, y])\} = \exists x\exists y\neg P[x, y]$$

例　性質 P をもつものが，

(1) 少なくとも1つある．(2) 多くとも1つある．

(3) ちょうど1つある．　(4) 少なくとも2つある．

(5) 多くとも2つある．

ことを $P[x]$ の限定命題で表わせ．

(1) $\exists xP[x]$

(2) $\forall x\forall y(P[x]\wedge P[y] \rightarrow x=y)$

(3) $\exists xP[x]\wedge\forall x\forall y(P[x]\wedge P[y] \rightarrow x=y)$

(4) $\exists x\exists y(P[x]\wedge P[y]\wedge x\neq y)$

(5) $\forall x\forall y\forall z(P[x]\wedge P[y]\wedge P[z]$
$\rightarrow x=y \vee y=z \vee z=x)$

問4　つぎの命題を否定し，記号 $\neg$ が $\forall$, $\exists$ の前，括弧の前にないようにせよ．

(1) $\forall x\exists yP[x, y]$　　(2) $(\forall xP[x])\wedge(\exists yQ[y])$

(3) $\forall x\exists y(P[x]\vee Q[y])$

(4) $\exists x\forall y(P[x, y]\wedge Q[x, y])$

(5) $\forall y\exists x(P[x, y] \rightarrow Q[x, y])$

問5　つぎの命題の T, F を判定し，かつ，否定せよ．ただし，$\boldsymbol{\Omega}_x=\{1, 2, 3, 5\}$，$\boldsymbol{\Omega}_y=\{2, 4, 6\}$

(1) $\forall x\forall y(x+y<10)$　(2) $\exists x\forall y(x<y)$

(3) $\exists y\forall x(x<y)$　(4) $\forall x\exists y(x=y)$

(5) $\exists x\exists y(x=y)$　(6) $\forall y\exists x(x+1=y)$

問6　前問に同じ．ただし，$\boldsymbol{\Omega}_x=\boldsymbol{\Omega}_y=\boldsymbol{R}$ とする．

(1) $\forall x\forall y(x>y)$　(2) $\forall y\exists x(x>y)$

(3) $\exists x\forall y(x>y)$　(4) $\exists x\exists y(x>y)$

(5) $\forall x\exists y(x+y=5)$　(6) $\exists y\forall x(x+y=5)$

(7) $\forall x\exists y(xy=x)$　(8) $\exists y\forall x(xy=x)$

§15. 推　論

いくつかの真なる命題（仮定）から，他の1つの真なる命題（結論）が導かれることを主張することを**推論**という．仮定がすべて真のとき，結論が真であれば，その推論は**有効**であるといい，仮定がすべて真であるにもかかわらず，結論が偽となることがあれば，その推論は**謬論**であるという．

推論は普通つぎのように書かれる．

100で割り切れる数は25で割り切れる．｝…仮定
4300は100で割り切れる．
―――――――――――――
∴　4300は25で割り切れる．　……結論

この推論の構造は，つぎのようになっている．

$\boldsymbol{\Omega}=\boldsymbol{N}$（自然数の集合）

$P[x]$：x は100で割り切れる．

$Q[x]$：x は25で割り切れる．

として記号化すると

$$\begin{array}{ll} \forall x(P[x] \longrightarrow Q[x]) & \text{(i)} \\ P[4300] & \text{(ii)} \\ \hline \therefore\ Q[4300] & \end{array}$$

と書ける．仮定(i)より

$$\begin{array}{ll} \forall x(P[x] \longrightarrow Q[x]) & \\ \hline \therefore\ P[4300] \longrightarrow Q[4300] & \text{(iii)} \end{array}$$

(ii)と(iii)から

$$\begin{array}{l} P[4300] \longrightarrow Q[4300] \\ P[4300] \\ \hline \therefore\ Q[4300] \end{array}$$

これが有効であることは，

$$(p \rightarrow q)\wedge p \Rightarrow q \qquad ((p \rightarrow q)\wedge p \rightarrow q = I)$$

によって示される．真偽表を作って確かめると

p	q	$(p \rightarrow q)$	$\wedge$	p	$\rightarrow$	q
1	1	1	1	1	1	1
1	0	0	0	1	1	0
0	1	1	0	0	1	1
0	0	1	0	0	1	0
Step No.		1	2	1	3	2

これは，**3段論法肯定形**とよばれるもので，最も多く用いられる推論形式である．a を $\boldsymbol{\Omega}$ の1つの元とすると

$$\begin{array}{ll} \forall x(P[x] \longrightarrow Q[x]) & \text{大前提} \\ P[a] & \text{小前提} \\ \hline \therefore\ Q[a] & \text{結　論} \end{array} \qquad (1)$$

3段論法否定形は

$$\begin{array}{ll} \forall x(P[x] \longrightarrow Q[x]) & \text{大前提} \\ \neg Q[a] & \text{小前提} \\ \hline \therefore\ \neg P[a] & \text{結　論} \end{array} \qquad (2)$$

$$\begin{array}{l} \forall x(P[x] \longrightarrow Q[x]) \\ \hline \therefore\ \forall x(\neg Q[x] \longrightarrow \neg P[x]) \quad (\text{対偶による}) \\ \neg Q[a] \\ \hline \therefore\ \neg P[a] \quad ((1)\text{による}) \end{array}$$

問1　この推論が，アリバイの原理であるといわれる理由を説明せよ．

仮言3段論法は

$$\begin{array}{l} \forall x(P[x] \longrightarrow Q[x]) \\ \forall x(Q[x] \longrightarrow R[x]) \\ \hline \therefore\ \forall x(P[x] \longrightarrow R[x]) \end{array} \qquad (3)$$

たとえば，

すべての正方形はひし形である．
すべてのひし形は平行四辺形である．
∴ すべての正方形は平行四辺形である．

任意の元を a とすると

$$\begin{array}{l} \forall x(P[x] \longrightarrow Q[x]) \\ \hline \therefore\ P[a] \longrightarrow Q[a] \end{array} \qquad \begin{array}{l} \forall x(Q[x] \longrightarrow P[x]) \\ \hline \therefore\ Q[a] \longrightarrow R[a] \end{array}$$

$$\begin{array}{l} P[a] \longrightarrow Q[a] \\ Q[a] \longrightarrow R[a] \\ \hline \therefore\ P[a] \longrightarrow R[a] \end{array}$$

$(p \to q) \wedge (q \to r) \Rightarrow (p \to r)$ だから（真偽表で確かめよ），$P[a] \longrightarrow Q[a]$ は T．従って

$$\begin{array}{l} \text{任意の元について}\quad P[a] \longrightarrow R[a] \\ \hline \therefore\ \forall x(P[x] \longrightarrow R[x]) \end{array}$$

問2　仮言3段論法が有効であることを，ベン図で示せ．

つぎの推論は謬論である（何故か）．

$$\begin{array}{l} \forall x(P[x] \longrightarrow Q[x]) \\ Q[a] \\ \hline \therefore\ P[a] \end{array} \qquad \begin{array}{l} \forall x(P[x] \longrightarrow Q[x]) \\ \neg P[a] \\ \hline \therefore\ \neg Q[a] \end{array}$$

$$\begin{array}{l} \forall x(P[x] \longrightarrow Q[x]) \\ \forall x(R[x] \longrightarrow Q[x]) \\ \hline \therefore\ \forall x(P[x] \longrightarrow R[x]) \end{array}$$

以上，1変数として説明したが，2変数のものについても，同じように推論できる．

たとえば

$\boldsymbol{\Omega}_x, \boldsymbol{\Omega}_y$： 正の実数の集合

に対して

$$\begin{array}{l} \forall x, y(x^2 > y^2 \longrightarrow x > y) \\ 25 > 16 \\ \hline \therefore\ 5 > 4 \end{array}$$

問3　つぎの推論は有効であることを示せ．

(1)
$$\begin{array}{l} \forall x(P[x] \vee Q[x]) \\ \neg P[a] \\ \hline \therefore\ Q[a] \end{array}$$

(2)
$$\begin{array}{l} \forall x(P[x] \longrightarrow Q[x]) \\ \forall x(\neg R[x] \longrightarrow \neg Q[x]) \\ \hline \therefore\ \forall x(P[x] \longrightarrow R[x]) \end{array}$$

問4　つぎの推論が，有効であるか，謬論であるかを，記号化して調べよ．

(1)　北極圏内のすべての都市には，白夜が訪れる．
レニングラードは，北極圏内にない．
だから，レニングラードには，白夜は訪れない．

(2)　すべての知的な人間は，よい市民である．
すべての学生は，知的な人間である．
だから，すべての学生は，よい市民である．

(3)　すべての学生は，勉強に熱心である．
すべての努力家は，勉強に熱心である．
だから，すべての学生は，努力家である．

(4)　すべての学生は，知識人である．
すべての知識人は，犯罪者でない．
だから，すべての犯罪者は，学生ではない．

(5)　空を飛ばない鳥がいる．
すべての鳥は動物である．
だから，空を飛ばない動物がいる．

(6)　空を飛ばない鳥がいる．
動物園には鳥がいる．
だから，動物園には，空を飛ばない鳥がいる．

(7)　すべての生徒は，野球をするか，テニスをする．
野球をしない生徒がいる．
だから，テニスをする生徒がいる．

（もりわき　しょういち）

ドミニク派の聖歌

ラーガ風＜方法叙説＞第9章

高　橋　利　衛

聖職者に対する深い尊敬と並んで，全中世文化の底流にあった聖職者蔑視は，ひとつには，高位聖職者の世俗化と，下級聖職者身分の腐敗，解体ということから説明できる．だが，これは，古い異教的本能のなせるわざでもあったのだ．民衆の感情は，完全にキリスト教化されていたとはいいがたく，たたかいを好まず貞潔の誓いのもとに生活するようなたぐいの男に対する反感を，どうしても捨てきれなかったのである．

―― ホイジンガ：“中世の秋”より[1] ――

1．薔薇物語

前章では久しぶりに，象徴言語の水準から記述言語の水準に降り立ったせいか，思わぬところまで筆が走ってしまった．しかし，それはそれなりに全く無意味でもなかったようだ．いつも原稿を査読してもらっている学生さんからは，いつになくワカリヤスクテ・タメニナル読物だったと，受験雑誌のCMみたいな御感想をちょうだいしたので，がっかりしたのであるが，それを具体的に問い直してみると，やはり内容的には考えさせられるものを含んでいたようである．

彼の言いたかったことの前半は，よくある“……とすれば，運動方程式は……となる”という慣用文の背後に，思いもよらぬ力学の論理的構造と記述者の決断が控えている，ということへの開眼であった．ここまでは，そのかぎりにおいて結構なのであるが，後半では私の意図は全く裏目にとられてしまっていた．彼はああいった話こそ，すべての講義ないし著述の中心であるべきだ，というのである．私は糸縒(よ)りの比喩でも述べたとおり，あの程度のことは時と場合に応じて，自分で楽しむのがよいと，奨めたつもりである．

このことは，“漫歩運動”という風俗の水準に，射影した形で述べられたのであるが，実は次のような考察を，その水面下に隠し持っていたのである．すなわち，いかに構造論的にその講述が為されようとも，それが伝達されるのは時間過程においてでしかありえない．したがって，それが空間的=構造的に把え直されるためには，学習主体がそれに十分なほど成熟していることを，必要条件とするのである．実はそれだけではまだ不十分なのであって，共同主観的に，かかる学習態度を是(ぜ)とする＜学習文化＞が，適当なマイノリティにおいて成立していることを前提としなければなるまい．皮肉なことに，それがマジョリティに対し，何気なく開かれているとき，それを正当に評価できる人は，むしろ稀といわなければなるまい．現に彼は，1年の物理のプリントには，私の記載以上に高度の構造論的考察が，随所に鏤(ちりば)められていたことを忘れていたのである．そうして，彼のこのたびの回心めいた表白が，少なくとも一般力学・解析力学・材料力学・水力学・流体力学・弾塑性力学といった，曲りなりにも一連の力学諸課程（機械工学科）を危機的に（自覚していたかどうかわからないが），彷徨した旅路の果てになされたものであることに，思いを致していないのである．バス旅行を陽気に楽しみ続けていたならば，果してこの程度の＜意味覚醒＞でもありえただろうか．

＜不安＞に向けて気分付けられながらも，学習素材がじわじわと飽和し沈澱して行くとき，何げない衝撃が一挙に回心ともいうべき＜意味覚醒＞の晶出をもたらすことがある．この出会いの覚醒力は，必ずしも衝撃自体に内在するものではない．この衝撃よりも遙かに大きなモーメンタムを秘めているはずの衝撃といえども，学習主体の構えが不安と苦悩を通じて，回心に向って開かれていなければ，“ナンセンス・押し付け・一方的”などのレッテルのもとに，一蹴されてしまうのが落ちであろう．とかく自己の所属大学，ことに担当教授との間には，“教育/被教育，評価/被評価，管理/被管理” といった＜現象＞(その内実はともかく)を通じて，不信ないし怨恨の関係を発生しやすいのが常なのだから，上述の事態の解体は，“近代化・制度改革・カリキュラム改善” ぐらいの膏薬張りには多くを期待しえないのである．

村ぐるみ町ぐるみのお祭騒ぎで，巡回説教師を迎えたといわれる，中世教区民の思考と行動の内実は，土地領有・徴税権を基軸としたカソリックの収奪体制（下部構造）への反逆である前に，直接的には生活と意識の隅々にまで浸透した宗教的過飽和状態（上部構造）への，土俗祭儀的反抗と見られるであろう．かの宗教改革も，かかる大衆的基盤なくしては，いかにルターの教理研究が光彩陸離としていても，また萌芽段階の資本主義からする経済内的要因の強制をもってしても，歴史の転回点となることは大いに阻まれたであろう．

現状況でも，かのパニック状態において叫ばれる，一見“近代合理主義”風の諸項目要求を鵜呑みにすることは愚かである．やがてまた日常に回帰すれば，他ならぬその要求諸項目こそが，“抑圧的寛容” の桎梏に転化することに，攻守とも否応なしに気がつくはずだからである．熱狂的に要求された諸項目の実現計画への，あの突然の白眼視と非協力を嘆く“良心的教師”は，人間通とはいえないばかりか，現状況にも暗いのだ．冷然として言質を踏まえ，管理体制の強化に向けて改革を実施していこうとする“官僚”のほうが，遙かに“現代”を理解しているのみならず，“現代人”の社会的深層心理を，洞察し操作することにたけているのだ．これらの問題は，“鋭い問題提起”と＜覚醒言語＞，そうして“反動”の嵐のなかで，私がすでに前連載（軽薄哲学序説）において指摘していたのであって，近頃になって，きいたふうのことを言い始めた連中と，同一視してもらいたくない．

2. 快癒感覚

“素朴な”学生と“良心的な”教師とが，“改革”に当って共に犯す大きな誤りの一つは，安手のキャヴァレーさながらに，うまいことずくめの“全面開花”を謳おうとすることであろう．これでは戦後文化史の軌跡ではないが，“うまいことといいの，ええことしい”に堕するより，仕方がないではないか．ことにカリキュラム改訂に当っては，小作(こさく)田んぼの仕切り変更で増反・減反の違いはあろうが，各課目一斉に“内容充実”をはかることが，カリキュラム総体の歪み，もしくは亀裂を増幅するかもしれないことに，いくら注意しても注意しすぎるということはないであろう．かくいう私とて“欠陥授業”の，巧まざる布置連関の見事さ，という額椽に入れて旧制高校・大学を眺め返しうるのも，“時”という遠近法の御蔭であって，当時は“粉砕”の対象としてではないまでも，“無視・軽視・蔑視”のヨリシロとして，大いに力んだものである——本当に無視できるなら，力むなんて，はしたないことはできないはずなのに．

もしも“内容の充実した”諸課目が，一斉に轡(くつわ)を並べて押し寄せてきて，しかも寄手の旗印しに，かつて守備側が叫んだ“学ぶ権利”に見合った“履修する義務”が，墨痕淋漓としたためてあったとしたならば，よほどのモーレツ学生でもないかぎり，ゲバゲバピーとベロでも出して，巨泉的に局面の転換をはからなければならないのが当り前であろう．“自由・自主・選択・多様”などの美辞麗句が，かえってアカデミック・アニマルを競走に駆り立てるニンジンともなりうるからである．オリエンテーションとは，さしづめ発走枠とでもいったところか．70年代ダービーの開幕を告げるファンファーレは，相も変らぬドミソのアルペジオだ．しかし，よくしたもので，こんなことはたいてい懸け声と形骸化だけに終るのが常のようであるから，私も本気で心配しているのではない．むしろどうなることかとハラハラしているのは兵法家が六韜(りくとう)三略を学んで編み出した，“自主ゼミ・自主講座・反大学”などが，“官製ゼミ”同様に，戦線の移動とともに形骸化し，“埃にまみれた人形みたいに”忘れ去られて行くかのごとき，拡散した文化状況である．しかし，こちらのほうも，自分とは自分が思っていたほど自分ではないことを，発見する機縁にでもなれば，まんざら捨てたものでもあるまい．むしろ，それから先の＜個＞の析出のほうが楽しみだ．

真に憂慮すべきは，激動のさなかで“真の教育者”たるべきことを決意した，と称する人々の“聖職意識”である．もしも痒いところに手の届くような“教育”を，それが目指すとしたならば，“バス旅行”の比喩（前号参照）でいえば，ウグイス嬢に厚化粧させて，ローエングリンでも歌わせるようなことになりかねないであろう．さらに，沿道のクワシクテ・タメニナル社会科教材でも配布されたならば，ひとがひとを“教育”するという怪奇劇は，一段と悽惨さを加えるであろう．しかしこの，見る人によってはブレヒト風のはずの“反演劇”も，母の背中に負われて，移ろい行く外界の映像を親しげに送迎した，“心温まる”追憶と二重焼付されて，一昔前（おそらくはママたちの女学生時代）にはやった松竹大船映画ばりの“大学校”として，少なくとも日常では歓迎されるのではないか，と推測されるのである．

“真の教育を求めて”，大学闘争に取組んでいたと称する，一人の学生がいる．彼の告白によると，高校時代に数学の教師の教え方が悪いと，ママを通じて抗議したことがあるほどのツワモノ（？）とのことだ．そんな彼が，60年代末の大学闘争の過程で，教育とは自己教育以外にはありえないのだ，と開眼したときに，私に教えてくれたステキな文章がある．

“一般に女が‘あげてよかった’というときは，とても様（さま）になっているのに，もらったほうの男は，様にもなんにもなっていない．‘もらってよかった’とマジメに言う，とんでもない間ぬけ男など，想像もできない．女のセリフを横取りしても，カッコーのつく男はいないだろう．思うに，もらってしまった男というのは，まことに奇妙な存在であって，間のぬけた自分の位置を顧みて，啞然として言葉もないといった心境が本当ではないだろうか．それに比べると女のほうは，後光がさすほど，様になっているのだから．”

いつでも“勝った勝った”と，総括しなければ気のすまぬ，<政治言語>から自己解放した，彼の語った言葉が<象徴言語>だったことは，それ自身きわめて象徴的であろう．“背後世界の錯覚”(ニーチェ)を，ともかくも対自化できた彼が，今後結婚して子どもができ，“生命保険”にはいったとしても，“男ってそれでいいではないかと思います”と，CMめいた話をしに，再び拙宅を訪れることのないように願いたい．ただし本節の所論も，世を挙げて“高度経済成長”と“教育投資”に浮き立ち，“大学”も“ビル神社”の建立（こんりゅう）に熱をあげ，大学祭のテーマにも“欲望の開発”なんてことが臆面もなくいわれていた時代に，それらを<荒涼たる風景>と見据えてものした一書[2)]（1965初版）の主題の一つであって，近頃になって急に言い出したことではない．

3. ヘラクレートス・コンプレックス

“オヤガメの背中にコガメを乗せて……”，という早口言葉がある．日溜りに甲羅干しをしているオヤガメの背に，コガメ・マゴガメ・ヒマゴガメと積層させた構造は，平和な秩序のうちに，いかにも力学的に安定しているかに見える．しかし結びの句の，“オヤガメこけたらみなこけた”に象徴されるように，しょせんはひとときの，“心温まる”情景でしかない．

前章で，<法則>を支柱とするイメージを援用して，<理論構造>を構築物に譬えた．比喩はあくまで比喩であるから，キニシナイ・キニシナイといえばそれまでだが，比喩の発生基盤が深く私どもの内奥に関わっていること（第2章参照）を思えば，重大な誤解に導く恐れのある部分だけは，文脈の展開する位相につれ，そのつど注意しておくのに，越したことはあるまい．“基礎理論”というとき，“基礎”の意味するところをオヤガメ視することが，いま私の心配する点である．“神”の死亡診断書が，オヤガメの出生証明書となる恐れが十分にあるからである．

“基礎・土台・下部構造”などの語感からいえば，オヤガメのイメージをこれらにダブラせることは，きわめて“自然”である．私どもにとって“自然”であるばかりか，“世界”をカメの背に乗っているものとして表象する神話は，驚くほど広く諸民族に分布しているので，E. B. タイラーはこれを World-Tortoise と，名付けたくらいである[3)]．総じて比喩は，お前の顔はサルに似ているといった程度の直喩においてすら，かなり高度のパターン認識なのであるから，陰(暗)喩ともなれば日常言語の水準における，一種のモデル構成作業とみなければなるまい．

だから陰喩能力 (metaphoric potential) が創造性 (creativity) に繋っていることは確かなのだが，巷間に伝えられるごとくにそれらが直結しているわけではない．もともと<問題状況>は構造化されていないから，<主題>は構造化を要求され，<問題解決>は一応の体系性を備えなければならないのであって，この3者を結ぶ<方法>・<手続>が無視されてよいはずはない．想像力の飛翔が叫ばれるのも，狂気の復権がもてはやされるのも，アクセルを踏みながらブレーキをかけているような日常の焼着き状態から，自己を解放してひとまず車をスタートさせようというぐらいの意味にとっておかないと，暴走だけに終ることなしといえない．数ある創造性神話に登場する神々でも，実は想像力が実現力で，狂気が正気で受け止められなかったとすれば，神々の誕生もまたありえなかったであろう，という内実はあまりにもリアルな物語なのである．

もともと日常の平俗とは，破局の深淵があまりにも遠い背景に退いただけの擬似平衡感覚なのだから，冒険が聖性を帯びて感じとられるのは当然である．宗教の直接的な魅力が，究極の救済よりもむしろ破滅の切迫した予感にあるとは皮肉である．疾走するスピードに実存の手応えを確かめるとかいう，束の間の生の証かしもまた，交通産業の巨大収奪体制への奉仕ではないのかと問いたい．しょせん車は舗装道路向きにできているのであろう．カー・ステレオでアンリ・デュパルクの<旅への誘い>を聴いたことはない．流行の“創造性”ブームの

“水平”路線の彼方には，“生産性向上”という名のチェック・ゲートが，いともにこやかに待ち構えているのである．私が“創造性ブームを憂う”というエッセイ[4)]を書いたのは，1965年のことであったが，この点，今でも訂正の要を認めがたい．合法的かつ完全犯罪の殺人を行なおうと思ったならば，彼を創造的とおだてあげ，今日はアメリカ，明日はヨーロッパと国際会議を飛び回らせればよい，という話を聴いたことがある．＜時間喪失・空間創出＞の時代の神話と思っていただきたい．

4. 深 海 魚

ところでオヤガメの話に戻るが，“基礎理論”が少なくとも科学・工学・技術の世界でオヤガメでないことは，その＜発達史＞を顧みればすぐわかることである．各層にわたって理論は絶えざる変革と革新の過程にさらされているにもかかわらず，自然現象そのものがそれによって変革もされなければ，革新されることもない．“原子炉”の例でいえば所望の現象が所定のごとく生起するように，物的条件を整えてやるのが“炉工学”であって，現象そのものは太陽系とともに古いといわねばなるまい．“原子物理学”といえども，それは原子力の解放を可能ならしめたのであって，核融合反応そのものを創造したのではない．もしも，“基礎理論”が発展の極に変革され，また“工学・技術”が時運に見合って革新されるたびごとに，自然現象そのものがいちいち変革ないし革新されるとしたならば，そもそも自然科学は糟に釘を打とうとするような，空しい努力と化するであろう．私たちにとって失敗や挫折ですら有意味でありうるのは，相手が頑固なまでにモノワカリが悪いことを，ひとまず必要条件とする．さらに私どもの柔軟にして執拗なアタックが的を射れば，逸れたとか，はずれたとかいわない正直さを欠かすことができない．自然科学が他の諸科学に比して恵まれているのは，まさにこのような事態にあるのであって，同時に自然科学の＜方法＞を物神化・普遍妥当視することの愚かな，理由ともなっているのだ．近代的な“科学主義”が古典的な“人間主義”を，こよなき補完物として喚び出すのは，こうした事情からいってきわめて当然である．それらの野合は傷ついた獣たちの，傷のなめ合いみたいに“自然”なのである．

私たちの“主観”とは独立に，物質的自然が“客観”的に存在するというのは，持続的な自然科学的営為の前提として，またその結果として，実践的に語られ，確かめられ，深められ，総じて生きられるものであって，いわゆる“主観-客観図式”に簡単に委任してしまってよいことではない．かえってこの“主観-客観図式”こそ，言語を通じて歴史的・社会的・文化的に，私どもに浸透してきた論弁的＜共同主観＞の一様態なのだ．“主観-客観図式”への安易なコミットメントは，必ずや観念論ないしは呪術的思考によって復讐されるだろう．＜共同主観＞の海溝の深みから，必死に浮かび上ろうとする＜方法＞意識のもとに，セントラル・ドグマとしての貶価と評価をかいくぐらせながら，私どもはかの“主観-客観図式”を能動的に，そのつど対象領域と抽象水準に相即させつつ，適用しなければならないのである．これこそ私が“事実そのもの”を“客観的に認識する主体”といったような書き方を，慎重すぎるくらい，この連載において，避けてきた理由なのだった．

5. 溶解と凝固

“基礎理論”がオヤガメではないとすると，はなはだ頼りなく思う人があるかもしれないが，実はこれで幸いだったのである．実際のところ，“オヤガメこけたらみなこける”ような仕掛けになっていたならば，うっかり“基礎理論”の変革を目指すこともできなかろう．何しろ，自然(そのなかには生物としての私どもも含まれる)の仕組そのものがそのつど変革されたならば，たまったものではあるまい．“基礎理論”は，“基礎”という限定詞の語感に反して，基礎どころか上部構造に属するのである．しかもいわゆる“基礎的”なものほど，抽象度の高い階層に位置付けられているのである．かえって本当の＜基礎＞は，＜現象＞と＜事実＞とを介して，物質的自然という地盤に深く打ち込まれている，といわねばなるまい．ここでまた注意しなければならないのは，＜基礎＞(土台・下部構造)は無限定の地盤一般ではなく，各上部構造の存在領域と重層度に応じて，まさに＜基礎＞(土台・下部構造)として集約・分節されていることである．

下部構造の根源的優位性と，上部構造の相対的独立性，その各階層の相対的自律性，そうして上部構造の下部構造への荷重など，事態はほぼ上述のごとくであるのにもかかわらず，“基礎理論”の例に見られるような，私どもの観念的倒錯はいったい何に基づくのであろうか．私はやはり，ブラック・ボックスの比喩(前号参照)で述べたとおり，圧倒的な現象の流れの時系列に，空間的なイメージなしに対応していろといわれても，私どもは＜不安＞に向け気分付けられてくるからではないかと思う．こういう状況に投げ出されたときオヤガメの神話的象徴体系が，ひとまず＜不安＞に対する防衛機制として頼りになることだけは確かである．そうして，これこそ“イデオロギー諸形態”の狙いでもあるのだ．“科学とイデオロギー”論争が科学的/政治的カテゴリーの論弁世界で，不毛な論議に明け暮れるのは，人間存在の根基に横たわる＜不安＞と＜苦悩＞の＜生活史＞を無視して，楽天的な＜分析理性＞の＜発達史＞に還元しようとするからである．しかのみならず，かかる欺瞞の体系そのものが，＜不安＞と＜苦悩＞の再生産に対するマスプロ装置でもあるのだ．

その内部の見透しがたいブラック・ボックスに長いこと対峙していると，＜不安＞に向け気分付けられてくることをどうしようもあるまい．空間の闇はいつしか溶解してその分泌物は時間の骨髄に吸収され沈着する．そのとき時間はもはや，＜発達史観＞の期待するような，有意味に持続する・生成する・形成する“時間”ではなくなる．それはただ無意味に点滅し・振動し・往復する‘時間’に変質するのである．＜生活史観＞から感得される‘時間’は，まさにかかる＜不安＞の影を深く宿すことにおいて，“始源への回帰”という時間表象に仮託して，＜苦悩＞の生活時間を神話的秩序の空間的表象に変貌して凝固させるのである．その“空間創出”がいかに＜発達史観＞から見て異常であろうとも，それが“世界像”とよばれても不思議はないほど，一定の内在論理によって完結された体系であることは否むべくもない．日常という約束事の緊縛がその硬度のゆえに，論理的に“粉砕”され易いのは当然である．そうしてやがて非日常の論理が，不条理にも崩壊するのもこれまたどうしようもない．原始・未開社会における＜祭＞の機能にも似た periodic burst（デュルケム）を，しょせん管理情報社会は避けて通ることはできないように思われる．＜発達史観＞が＜生活史観＞を喰いつぶしながらも再生産するという矛盾を，それは痛々しく内臓しているからだ．殊に通俗教育・世俗宗教はアプリオリに前者を前提として怪しまぬからこそ（家庭・社会・マスコミのほうが，この点に関するかぎり，まだまだモノワカリがよい），まず問題の焦点となったのであろう．他の諸要因・諸動因は，反乱の諸形態とそのダイナミクスに課された諸条件でしかない．

(1970.1.18)

＝注＝

前の連載―軽薄哲学序説（現代数学，1巻4号～2巻3号）―では，うるさいほど注(引用文献)をつけたが，断り書きにもかかわらず，かなりの誤解を受けたので，今度は必要最小限にとどめる．

1) ホイジンガ(堀越孝一 訳)：中世の秋(1967)，p.332，中央公論社．
2) 拙著：工学の創造的学習法（1969 改訂新版），オーム社．
3) E. B. Tylor: Researches into the Early History of Mankind and the Development of Civilization (1865), Reprinted by The University of Cicago Press (1964).
4) 拙稿：創造性ブームを憂う，OHM ジャーナル/OHM (1965-8) 別冊．p. 28～29.

（たかはし　としえ　早稲田大）

☆☆☆☆☆☆☆☆☆☆☆☆

数 学 演 習 室

松 本 　 誠

前回の宿題 1 は，曲線の接触に関するものでした．

宿 題 1

曲線 C 上の与えられた点をAとする． Aで C に2次の接触をし，y 軸に平行な対称軸をもつ放物線を作れ．

y 軸に平行な対称軸をもつ放物線の方程式は

$$y=ax^2+bx+c$$

ですね．だから，a,b,c を条件をみたすように決めよという問題です．

$$y'=2ax+b,$$
$$y''=2a.$$

与えられた曲線 C の方程式を

$$y=f(x)$$

とし，$\mathrm{A}(x_0,f(x_0))$ とする．条件は

$$f(x_0)=ax_0{}^2+bx_0+c,$$
$$f'(x_0)=2ax_0+b,$$
$$f''(x_0)=2a$$

となり，従って

$$a=\frac{1}{2}f''(x_0),\quad b=f'(x_0)-x_0f''(x_0),$$
$$c=f(x_0)-x_0f'(x_0)+\frac{x_0{}^2}{2}f''(x_0)$$

がえられる．放物線だから $a\neq0$，けっきょく $f''(x_0)\neq0$ なら，このような放物線はちょうど1つある．

宿題 2 は極座標を使って縮閉線を求める問題でした．

宿 題 2

(1) 曲線 C の方程式が極座標 (r,θ) に関して $r=f(\theta)$ であるとする． このとき C の縮閉線の方程式を求めよ．(式 (9) で $t=\theta$ とする．)

(2) 上の結果を使って，曲線 $r=e^{\theta}$ の縮閉線がどんなものであるかを調べよ．(特にもとの曲線とどうちがうかを考えよ．)

前回の式 (9) は，曲線 C の方程式が，パラメーター t によって

$$x=f(t),\qquad y=g(t)$$

であるときの縮閉線の方程式

$$(1)\quad \begin{cases} \xi=x-\dfrac{\dot{x}^2+\dot{y}^2}{\ddot{y}\dot{x}-\dot{y}\ddot{x}}\dot{y}, \\ \eta=y+\dfrac{\dot{x}^2+\dot{y}^2}{\ddot{y}\dot{x}-\dot{y}\ddot{x}}\dot{x} \end{cases}$$

でした．C の極座標による方程式 $r=f(\theta)$ と，直交座標 (x,y) との関係式

$$x=r\cos\theta,\qquad y=r\sin\theta$$

とから，C について

$$x=f(\theta)\cos\theta,\qquad y=f(\theta)\sin\theta$$

となり，これはパラメーター θ によって C の (x,y) を表わしたものです．だから

$$\dot{x}=f'\cos\theta-f\sin\theta,\quad \dot{y}=f'\sin\theta+f\cos\theta.$$

θ による $f(\theta)$ の微係数はふつうのように f' で表わしました．

$$\ddot{x}=f''\cos\theta-2f'\sin\theta-f\cos\theta,$$
$$\ddot{y}=f''\sin\theta+2f'\cos\theta-f\sin\theta.$$

これらから

$$\dot{x}^2+\dot{y}^2=(f')^2+f^2,$$
$$\ddot{y}\dot{x}-\dot{y}\ddot{x}=f^2+2(f')^2-ff''$$

となるから，f,f',f'' を r,r',r'' と書くと

$$\xi=r\cos\theta-\frac{r^2+(r')^2}{r^2+2(r')^2-rr''}(r'\sin\theta+r\cos\theta),$$

$$\eta=r\sin\theta+\frac{r^2+(r')^2}{r^2+2(r')^2-rr''}(r'\cos\theta-r\sin\theta)$$

となるが，$\sin\theta$，$\cos\theta$ について整理すれば

$$\xi=p\cos\theta-q\sin\theta,$$
$$\eta=p\sin\theta+q\cos\theta$$

と表わせる．ここに

$$p=\frac{r((r')^2-rr'')}{r^2+2(r')^2-rr''},\quad q=\frac{r'(r^2+(r')^2)}{r^2+2(r')^2-rr''}.$$

(2) 曲線 $r=e^{\theta}$ については

$$r=r'=r''=e^{\theta}.$$

だから，

$$\xi=-r\sin\theta,\qquad \eta=r\cos\theta.$$

これはまた

$$\xi=r\cos\left(\theta+\frac{\pi}{2}\right),\qquad \eta=r\sin\left(\theta+\frac{\pi}{2}\right)$$

と表わせる．他方，もとの曲線は

$$x=r\cos\theta,\qquad y=r\sin\theta.$$

だから，点 (ξ,η) は点 (x,y) を原点のまわりに 90° 回転したものにすぎない．従って，この曲線の縮閉線は，それを**原点の回りに 90° 回転すればえられる．**

さて，前回は曲線上の点Pにおける**接触円**の話，その中心 (ξ, η) は上の方程式 (1) で与えられること，さらに接触円の中心とは，近い2つの法線の交点の極限の位置であること，接触円の中心の軌跡を**縮閉線**ということ等について話しました．今回は，この接触円の別名である**曲率円**ということの話です．

曲線とは何か？　曲がっている線である．こんな答は全く無意味ですね．曲がっているとはどういうことか？さらに線とは何か？　**線とは**，直交座標 (x, y) について，x, y がパラメーター t の関数として

(2)　　$x=f(t), \qquad y=g(t)$

で与えられたときの点 (x, y) の軌跡である．つまり点 $(f(t), g(t))$ の集合である…と答えておきましょう．当然，直交座標とは何か？　という質問が出るはずですがね．一般には，$f(t), g(t)$ にもっと制限をつけます．ふつうには，ともに微分可能で，$f'(t)=g'(t)=0$ にはならないと仮定しますが．

以上で，線の意味がわかったとします（不満でしょうが）．では**曲がったということの意味は**？　真直ぐでないことだ．では真直ぐ，つまり直線とは？　それは，また直交座標 (x, y) を使って，一次方程式

(3)　　$ax+by+c=0$
　　　　$(a=b=0$ ではない$)$

のグラフだと答えておきましょう．これもまた多分，不満でしょうがね．

以上では，曲線，直線 の概念を対比させて説明しましたが，これは曲がったという概念をこれから考えてみようと思っているからです．ふつうには直線とは，曲線のうちの特別のものと考えています．（正方形を，特別な長方形とみなすように．）どう特別なのか（曲がっていない…という返事が聞えてきますが，それを無視して）．(3) の y が x で微分できる $(b \neq 0)$ として

$$y'=-\frac{a}{b}, \qquad y''=0$$

だから，y 軸に平行ではない直線だけ考えることにして，

直線とは，曲線の中で
y' = 定数（または $y''=0$）
で特性づけられる．

特性づけられるという言葉は characterized の訳で，必要十分だという意味です．前回の接触円の中心 (ξ, η) を与える式 (5) によって，

直線とは，その上のどんな点においても，接触円が無いという曲線だ

といえますね．以上では真直ぐという性質を $y''\equiv 0$（恒等式）で特性づけたのですが，では，そうでなく，曲がっている場合には，それをどんな**数値**で表わしましょうか．たとえば，昨日はあたたかかったが，今日はひどく寒いという，この寒暖を数で表わして温度というものがえられた．数で表わさなければ科学にならないのです．だから，**曲がり方を何か数で表わさないことには，数学の曲線論の分野が一歩も始まってくれない**のです．ところが，上で見たように，$y''\equiv 0$ が真直ぐを表わしたから，y'' の x における値を，曲線 $y=f(x)$ 上の点 $P(x, y)$ における曲線の曲がり方と定義することも考えられるでしょうね．学問らしく，これを曲率と名付けて，

$$曲率 = y''(x)$$

でよいでしょうか？

次のように考えてみましょう．曲線 C 上の点Pにおける曲率 $K(\mathrm{P})$ が定義されたとする．

1°　直線に対しては，その任意の点Pについて
$K(\mathrm{P})=0$ であるべきだ．

これは当然そうあるべきでしょうし，また y'' はこの要請をみたしています．それでは，円を考えてみましょう．これは曲がっている．だから円周上のどの点Pについても $K(\mathrm{P})\neq 0$ であるべきだ．そのうえ

2°　円については，その上の任意の点Pについて
$K(\mathrm{P})$＝定数 であるべきだ．

そうじゃありませんか．弧ABは，中心Oのまわりに回転して弧CDに重ね合わすことができる．つまり合同な線だから，曲がり方も同じだ．

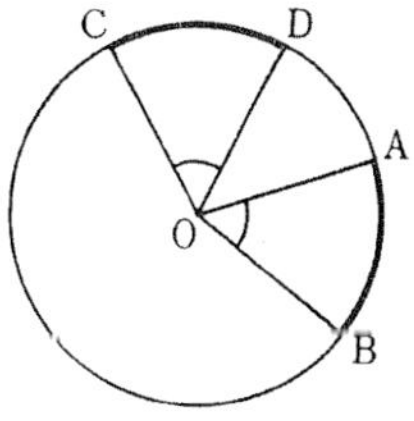

ところが，円の方程式

$$x^2+y^2=r^2.$$

微分して

$$x+yy'=0,$$
$$1+(y')^2+yy''=0.$$

だから，

$$y''=-\frac{1+(y')^2}{y}$$

となって，y'' は円周上で定数ではない．だから**要請** 2°

を y'' はみたさない．ということは，y'' そのものは，曲率と考えるわけにいかないということ．さあ，困った…．だが，大円と小円を較べてみましょう，

3°　大円の曲率 K_1，小円の曲率 K_2 については，$K_1<K_2$ であるべきだ．

この要請3°は当然でしょうか．私は当然だと主張しますね．半径 r の円周にそって直角だけ曲がろうとす

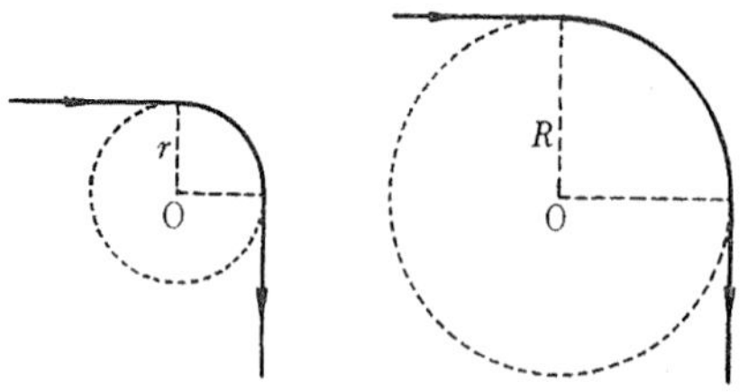

れば $\frac{\pi}{2}r$ だけ進めばよいが，半径 $R=2r$ の円周にそって直角だけ曲がろうとすればその2倍 $\frac{\pi}{2}R=\pi r$ だけ進まなければならない．小円の方がちょっと進んだだけで90°曲がれるということは，きつく曲がっているのですね．ところで

$$\frac{1}{R}<\frac{1}{r},\qquad K_1<K_2$$

というように，**半径の逆数の大小**は，**曲率の大小**と，少なくとも**大小の順序は同じだ！**　ちょうど暖かくなれば水銀柱の高さが増し，寒くなれば減るように．では円については

曲率＝半径の逆数

で，曲がり方の大小は表わせる．しかも，直線とは半径が無限に大きい円だとみられるから，半径の逆数は0であり，要請1°もみたされる．全くうまくいったといえそうですが，残念ながら円でない曲線では，半径が考えられないから，これではだめだ．そこで，**接触円**を思い

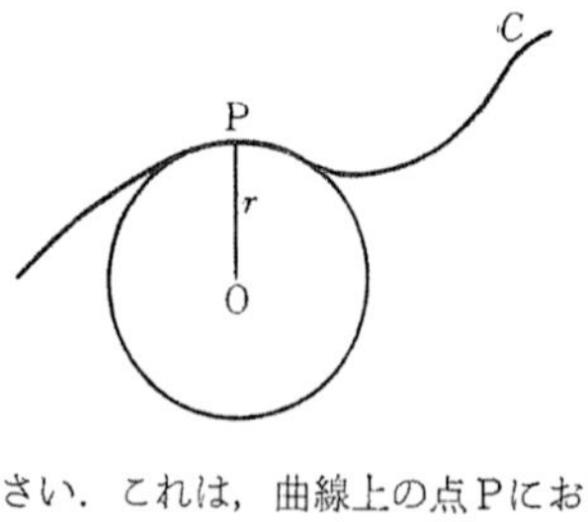

出してください．これは，曲線上の点Pにおいて，Pの近くのこの曲線の部分に大変よく似た円だったから，**Pの近くではこの曲線の部分を接触円で代用して，その半径の逆数を，点Pにおける曲率と定義したらどんなものだろう**．従って，前回の式(6)によって，

(4)　$$K=\frac{|y''|}{(1+y'^2)^{\frac{3}{2}}}$$

従って，初めに予想した y'' を曲率にするのではなく，(4)のように分母をつけるべきだったというわけです．この定義が正しいという理由が他にもあるのです．

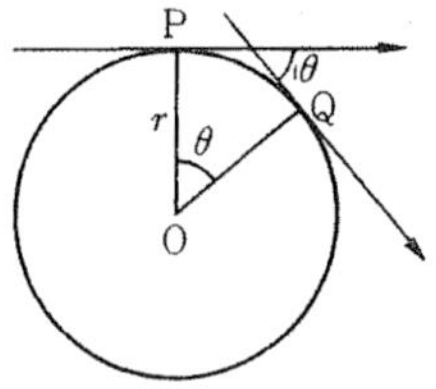

というのは，半径 r の円で，点PからQへ進めば，接線のなす角 θ だけ曲がる．θ は中心角 ∠POQ に等しい．進んだ距離 s は

$$s=\widehat{PQ}=r\theta$$

ですから，

(5)　$$\frac{1}{r}=\frac{\theta}{s}\quad(=K)$$

となる．つまり，半径の逆数とは，**単位の長さだけ進んだときの曲がった角**を表わす．まさに曲がりの率にほかならない．そこで，時間 t，距離 s，速さ v の関係式

$$v=\frac{s}{t}$$

を，定速でないときには

$$v=\frac{ds}{dt}$$

と定義するように，(5)は，円でないときには

(6)　$$K=\frac{d\theta}{ds}$$

とすべきでしょう．さあ，$\frac{d\theta}{ds}$ を計算してごらんなさい．(4)がえられるでしょう．図のように

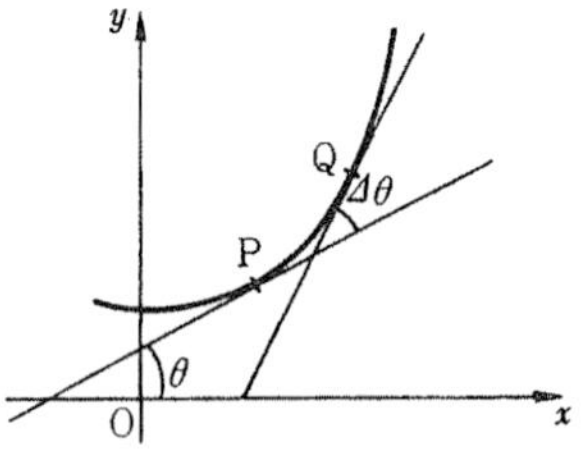

$$\tan\theta=y'$$

で，この θ の増分を $\Delta\theta$ とすれば

$$\lim_{\Delta s\to 0}\frac{\Delta\theta}{\Delta s}=\frac{d\theta}{ds}$$

だから

$$y''=\sec^2\theta\frac{d\theta}{dx}=(1+y'^2)\frac{d\theta}{ds}\frac{ds}{dx}.$$

前回話したように，s は

$$\left(\frac{dx}{ds}\right)^2+\left(\frac{dy}{ds}\right)^2=1$$

をみたすパラメーターだから，上式に $\left(\frac{ds}{dx}\right)^2$ をかけて

$$\left(\frac{ds}{dx}\right)^2=1+\left(\frac{dy}{dx}\right)^2=1+y'^2.$$

ゆえに

$$y''=(1+y'^2)\sqrt{1+y'^2}\frac{d\theta}{ds}.$$

これは，(4) により $\left|\frac{d\theta}{ds}\right|=K$ を表わしている．$\frac{d\theta}{ds}$ は，θ が s の増加関数とは限らないから，絶対値をつけたのです．曲率が負であってはならないこともないでしょう．温度も零下20度などといいますからね．しかし，2つの曲線

$$y=x^2, \qquad y=-x^2$$

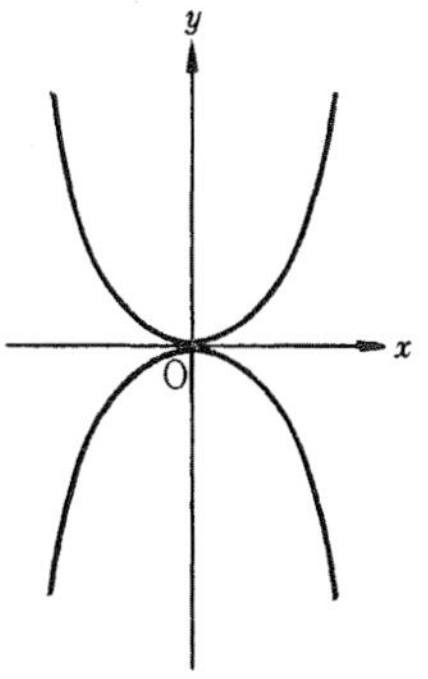

は，x 軸について対称なので，幾何的には合同です．だから曲率も対応する点で同じだと考えるべきでしょう．点Oで一方は下に凸（$y''>0$），他方は上に凸（$y''<0$）だから，(4) で絶対値をやめると，一方は $K>0$，他方は $K<0$ となる．絶対値をつけることにしておきます．

以上で，一般の曲線について，曲率の定義ができた．それは，曲線の方程式が $y=f(x)$ の場合には，式 (4) で計算され，接触円の曲率，つまりその半径の逆数に等しい．このように，**曲線の曲率はその接触円の曲率で代用するので，接触円のことを，曲率円という**のです．曲線の方程式が，パラメーター t で表わされているときには，前回の式 (10) によって

$$(7)\qquad K=\frac{|\ddot{y}\dot{x}-\dot{y}\ddot{x}|}{(\dot{x}^2+\dot{y}^2)^{3/2}}.$$

また特に $t=s$ のときは，前回の式 (13) により

$$(8)\qquad K=\sqrt{\left(\frac{d^2x}{ds^2}\right)^2+\left(\frac{d^2y}{ds^2}\right)^2}.$$

高速道路設計の問題は，曲がり方がスムーズであるようにという必要条件が一つあります．これは曲率を適当に設定して，それにかなう曲線を求めようということですから，曲率 K を与えられた関数 $K(x)(\geqq 0)$ としてもつ $y=f(x)$ を求める問題，つまり方程式

$$\frac{|y''|}{(1+y'^2)^{3/2}}=K(x)$$

を解けということです．この種の方程式（未知数は関数 y）を**微分方程式**といいます．これにはここでは深入りすることができません．

ここでは，曲率についてもっともっと大切なこと，つまり，**曲率は幾何的な量だ**ということを話します．一般にある曲線について，いろんな数量が定義できるでしょう．円の半径，楕円の長軸の長さ，双曲線の両漸近線のなす角，放物線の焦点と頂点との距離，閉じた曲線については，それによって囲まれる部分の面積とか，曲線の全長とか．幾何的な量というのは，**どんな見方をしても同じ値をもつ数量**だといえますが，見方といっても，5 cm のものをはすかいに見れば 4 cm にも見えるでしょうから，もっと正確にいわなければなりません．

そこで，たとえば幾何的量ではないものとして，曲線の**傾き** y' を考えます．これは図の x 軸と接線のなす角 θ をとれば

$$y'=\tan\theta$$

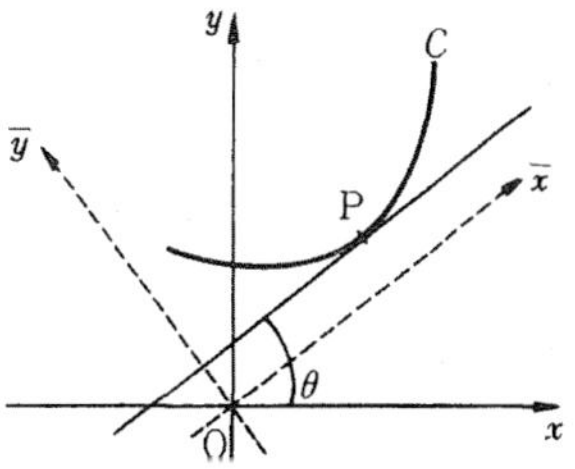

ですが，この曲線 C を別の直交座標 $(\bar{x}, \bar{y})$（$\bar{x}$ 軸は接線に平行にとる）で

$$\bar{y}=g(\bar{x})$$

と表わせば，同じ点 P では

$$\bar{y}'=0$$

です．だから，傾きは直交座標のとり方に関係して変わってくる．直交座標 $(x, y), (\bar{x}, \bar{y})$ について，C の方程式が $y=f(x)$，$\bar{y}=g(\bar{x})$ と表わされるということを，**観測機** $(x, y), (\bar{x}, \bar{y})$ で，C が $f(x), g(\bar{x})$ と**見える**ということにしましょう．C の傾きはそうすると観測機の

如何によって変わるのです．正確にいえば，傾きは曲線と座標との**相対的な関係を表わす量**であり，曲線だけで決まる**絶対的な量**ではない．

ところが，前にあげた円の半径，……，閉曲線の全長等は，曲線だけで決まる絶対的な量であって，それは座標をとりかえても変わりっこない．(座標を決めるときの単位長を変えれば変わりますよ) だから，

幾何的量とは，直交座標をとりかえても変わらない量である．

だから，座標を使わずに定義できる量は幾何的量であるといえます．たとえば円の半径など．

さて，それでは曲率 K はどうだったでしょう．座標を使って式 (4) で計算することができるというだけで，**座標を使わずに定義できる**でしょう．なぜかというと，接触円の半径だから．そして接触円の中心は，点 P においては，P における法線とその点に近い点における法線との交点の極限の位置 A であり，半径は AP だから．さらに法線は接線に垂直にひけばよく，接線は弦の極限だから．つまり，作図法は

弦 ⇒ 接線 → 法線 → 法線の交点 ⇒ 曲率円の中心 → 曲率 (半径の逆数)

となる．全く座標を使わない．これでも未だ信用できない人がいるなら，その人は極限 (⇒) にひっかかっているのに決まっている．そういう人には計算でなっとくさせるしかしようがない．

2 つの直交座標 (x, y), $(\bar{x}, \bar{y})$ をとる．その間にはつねに

$$x=\bar{x}\cos\theta-\bar{y}\sin\theta+a,$$
$$y=\bar{x}\sin\theta+\bar{y}\cos\theta+b$$

という関係がありますね．(a, b) は平行移動，θ は回転を表わす．曲線 C がパラメーター t で表わされたとして，上式を t で微分する．θ, a, b はもちろん定数ですよ．

$$\begin{cases}\dot{x}=\dot{\bar{x}}\cos\theta-\dot{\bar{y}}\sin\theta,\\ \dot{y}=\dot{\bar{x}}\sin\theta+\dot{\bar{y}}\cos\theta,\end{cases}$$
$$\begin{cases}\ddot{x}=\ddot{\bar{x}}\cos\theta-\ddot{\bar{y}}\sin\theta,\\ \ddot{y}=\ddot{\bar{x}}\sin\theta+\ddot{\bar{y}}\cos\theta\end{cases}$$

だから

$$\dot{x}^2+\dot{y}^2=\dot{\bar{x}}^2+\dot{\bar{y}}^2,$$
$$\ddot{y}\dot{x}-\dot{y}\ddot{x}=\ddot{\bar{y}}\dot{\bar{x}}-\dot{\bar{y}}\ddot{\bar{x}}$$

以上で，(7) の右辺は少しも変わらないじゃありませんか．ただ，y 軸の上下を逆にとれば $\ddot{y}\dot{x}-\dot{y}\ddot{x}$ は符号が変わります．だから絶対値をつけると，K は変わらない．

例　楕円 $\dfrac{x^2}{a^2}+\dfrac{y^2}{b^2}=1$ $(a>b>0)$ について，これをパラメーター θ (離心角) で

$$x=a\cos\theta,\qquad y=b\sin\theta$$

と表わす．(7) によってすぐ

$$K(\theta)=\frac{ab}{\{(a^2-b^2)\sin^2\theta+b^2\}^{\frac{3}{2}}}$$

となる．$K(\theta)$ の最大値を K_1，最小値を K_2 とすれば

$$K_1=\frac{a}{b^2},\qquad K_2=\frac{b}{a^2}$$

これから

$$a^3=\frac{1}{K_1K_2{}^2},\qquad b^3=\frac{1}{K_1{}^2K_2}$$

K_1, K_2 はいま証明したように，幾何的量だから，上式より 長軸，短軸の長さ $2a, 2b$ も幾何的量です．

一般に，曲線を適当な座標で表わして，微分可能性についてある種の条件をみたせば，この**曲線の幾何的量は曲率ただ 1 つ**であり，他の幾何的量はすべて曲率で表わされる．もっと定理らしくいえば

定理　曲線は曲率によって，完全に決定する．

もし対応点において同じ曲率をもつ 2 つの曲線があればそれらは合同である．

ということになりますが，これも正確に証明しようということになれば，微分方程式の問題ですから，いまは証明できませんが，要するに曲率は曲線を決定するのですから，最も重要な量であるということになります．

宿題 1　放物線の通径の長さを，その頂点における曲率で表わせ．ただし通径とは，焦点を通り対称軸に垂直な弦のことである．

宿題 2　(1)　曲線上の点 (x, y) における曲率を K とすれば，曲率円の中心 (ξ, η) は，$(y''>0$ として)

$$\xi=x-\frac{y'}{K\sqrt{1+y'^2}},$$
$$\eta=y+\frac{1}{K\sqrt{1+y'^2}}$$

と表わされることを示せ．

(2)　上式を使って，曲率が 0 でない定数である曲線は円であることを証明せよ．

(まつもと　まこと　京都大)

★★★★★

写像の問題 (2)

—フランスのジャーナルや問題集より—

江原　誠

例題 4

原点を O とする座標平面上で，原点 O と異なる任意の点 M に対して，直線 OM 上の，

$$\overrightarrow{OM}\cdot\overrightarrow{OM_1}=-3$$

なる条件を満足する点 M_1 を対応させる変換を S とする．また，この平面上の任意の点を，x 軸の正の向きに，4だけ平行移動する変換を T とする．

このとき，変換 S により，点 M は点 M_1 に移り，変換 T により，点 M_1 は，この平面上のある点 M′ に移るが，点 M を点 M′ に移す変換を，$U=T\circ S$ で表わす．すなわち，

$$M'=U(M)=(T\circ S)(M)=T[S(M)]$$

とする．

このとき，次の問に答えよ．

(1) $T\circ S$ は交換法則を満足するか，どうかをしらべよ．もし，交換法則を満足しないなら，

$$(T\circ S)(M)=(S\circ T)(M)$$

となるような，点 M の集合を求めよ．また，U には，その逆変換 U^{-1} が存在することを示せ．

(2) Mの座標を (x, y), $U(M)=M'$ の座標を (x', y') とするとき，x', y' を，x, y の関数で，また，x, y を，x', y' の関数で表わせ．

(3) 変換 U によって変わらない2点 A, B が存在することを示せ．また，線分 AB を直径とする円 (C) は，変換 U によって，全体として変わらないことを示せ．

(4) 円 (C) 上に，任意の点Mをとり，直線 OM と，この円 (C) との交点をNとする．次に，Nと円 (C) の中心を結ぶ直線が，円 (C) と交わる点を M′ とすると，

$$M'=U(M)$$

であることを示せ．

［解答］ 複素数を使って，解答してみよう．

(1)

$$M(z)\xrightarrow{S}M_1(z_1)\xrightarrow{T}M'(z')$$

とすると，変換 S を表わす式は，

$$z_1=\frac{-3}{\bar{z}}$$

であり，変換 T を表わす式は，

$$z'=z_1+4$$

であるから，$T\circ S$ なる変換を表わす式は，

$$z'=\frac{-3}{\bar{z}}+4 \quad \cdots\cdots\cdots\cdots\text{①}$$

である．次に，

$$M(z)\xrightarrow{T}M_2(z_2)\xrightarrow{S}M''(z'')$$

とすると，変換 T を表わす式は，

$$z_2=z+4$$

であり，変換 S を表わす式は，

$$z''=\frac{-3}{\bar{z}_2}$$

であるから，$S\circ T$ なる変換を表わす式は，

$$z''=\frac{-3}{\overline{z+4}}=\frac{-3}{\bar{z}+4} \quad \cdots\cdots\cdots\cdots\text{②}$$

である．①, ② より，一般には，$z''\neq z'$ であるから，

$$(S\circ T)\neq(T\circ S)$$

となる．次に，

$$(T\circ S)(M)=(S\circ T)(M)$$

なる点の集合 M を求めよう．①, ② で，$z'=z''$ とおくと，

$$\frac{-3}{\bar{z}}+4=\frac{-3}{\bar{z}+4}$$

$$\therefore\quad (\bar{z})^2+4(\bar{z})-3=0$$

$$\therefore\quad \bar{z}=-2\pm\sqrt{7}$$

従って，求める点は x 軸上の2点

$$(-2+\sqrt{7},\ 0)\quad と\quad (-2-\sqrt{7},\ 0)$$

である．

さらに，逆変換 U^{-1} を求めよう．

$$U^{-1}=(T\circ S)^{-1}=S^{-1}\circ T^{-1}$$

$$\therefore\quad U^{-1}=S\circ T^{-1}\qquad (\because\ S^{-1}=S)$$

となる．念の為，U^{-1} の式を求めてみよう．

$$M'(z')\xrightarrow{T^{-1}}M_1(z_1)\xrightarrow{S^{-1}=S}M(z)$$

とすると，

$$T^{-1}:\ z_1=z'-4$$

$$S^{-1}=S:\ z=\frac{-3}{\bar{z}_1}$$

であるから，$U^{-1}=S\circ T^{-1}$ を表わす式は，

$$z=\frac{-3}{\overline{z'-4}}=\frac{-3}{\bar{z}'-4} \qquad \cdots\cdots\cdots\cdots\cdots\cdots ③$$

となる．

(2)　① より

$$z'=\frac{-3z}{\bar{z}z}+4$$

$$\therefore\ x'+iy'=\frac{-3(x+iy)}{x^2+y^2}+4$$

従って，

$$\begin{cases} x'=\dfrac{-3x}{x^2+y^2}+4 \\ y'=\dfrac{-3y}{x^2+y^2} \end{cases}$$

となる．次に ③ より，

$$z=\frac{-3(z'-4)}{(\bar{z}'-4)(z'-4)}=\frac{-3(z'-4)}{|z'-4|^2}$$

$$\therefore\ x+iy=\frac{-3(x'+iy'-4)}{(x'-4)^2+y^2}$$

従って，

$$\begin{cases} x=\dfrac{-3(x'-4)}{(x'-4)^2+y'^2} \\ y=\dfrac{-3y'}{(x'-4)^2+y'^2} \end{cases}$$

となる．

(3)　① において，$z'=z$ とおくと，

$$z=\frac{-3}{\bar{z}}+4$$

$$\therefore\ z\bar{z}-4\bar{z}+3=0$$

となる． ところで，$z\bar{z}$ は実数であるから， この式は，$\bar{z}$ が実数であることを示している．そこで，$\bar{z}=z$，とおくことができるから，

$$z^2-4z+3=0,\qquad \therefore\ z=3,\ z=1,$$

従って， 変換 U によって変わらない 2 点は A(1, 0), B(3, 0) である．

次に，線分 AB を直径とする円は，

$$|z-2|=1$$

$$\therefore\ (z-2)(\overline{z-2})=1 \qquad \therefore\ (z-2)(\bar{z}-2)=1$$

すなわち，

$$z\bar{z}-2(z+\bar{z})+3=0$$

となる．これに，③ の変換式

$$z=\frac{-3}{\bar{z}'-4}$$

と，これから，みちびかれる

$$\bar{z}=\frac{-3}{z'-4}$$

を代入すると，

$$\frac{9}{(\bar{z}'-4)(z'-4)}+6\left(\frac{1}{\bar{z}'-4}+\frac{1}{z'-4}\right)+3=0$$

となる．

$$\therefore\ (\bar{z}'-4)(z'-4)+2(\bar{z}'+z'-8)+3=0$$

$$\therefore\ \bar{z}'z'-2(z'+\bar{z}')+3=0$$

となるから，円 (C) は，変換 U によって，全体として変わらない．

(4)　円 (C) は，変換 U によって，全体として変わらないから，

$$U(\mathrm{M})=\mathrm{M}''$$

とすると，M″ は，円 (C) 上の点である．そこで，

$$\mathrm{M}''=\mathrm{M}'$$

であることを示すには，$\overrightarrow{\mathrm{MO}}$ から $\overrightarrow{\mathrm{MM''}}$ への角が，90° であることを示せばよい．

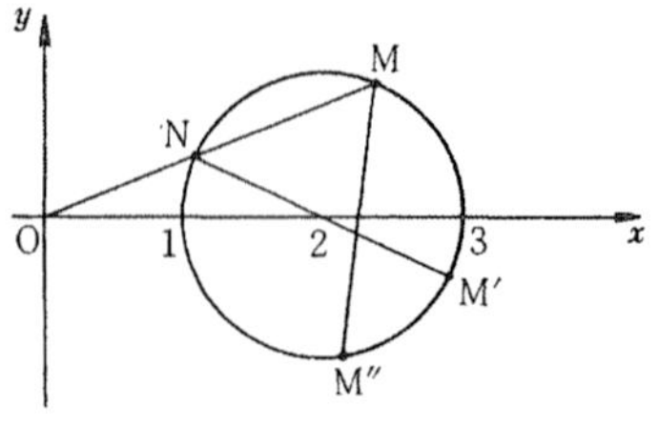

その為には，M(z)，M″(z'') とするとき，

$$\frac{z''-z}{0-z}=\text{純虚数}$$

であることを示せばよい．ところで，

$$z''-z=\frac{-3}{\bar{z}}+4-z=-\frac{z\bar{z}-4\bar{z}+3}{\bar{z}}$$

$$=-\frac{2(z+\bar{z})-3-4\bar{z}+3}{\bar{z}}$$

$$=-\frac{2(z-\bar{z})}{\bar{z}}$$

従って，

$$\frac{z''-z}{-z}=\frac{2(z-\bar{z})}{z\bar{z}}=\text{純虚数}$$

となるから，証明は，終わったわけである．

例題 5

(I) 任意の実数 x に対して，

$$\sinh x=\frac{e^x-e^{-x}}{2} \qquad \cosh x=\frac{e^x+e^{-x}}{2}$$

とおくとき，次の問に答えよ．

(1) $x\to f(x)=\sinh x$ なる関数 f は，実数から実数への bijection（全単射）であることを示せ．また，逆関数 f^{-1} を求めよ．

(2) u,v を任意の実数とするとき，

$$\cosh^2 u-\sinh^2 u=1$$
$$\sinh(u+v)=\sinh u\cosh v+\sinh v\cosh u$$

が成り立つことを示せ．

(II) R を実数の集合とし，R の任意の要素 a,b に対して，新しい演算 $\circ$ を次のように定義する．

$$a\circ b=a\sqrt{1+b^2}+b\sqrt{1+a^2}$$

このとき，$(R,\circ)$ は交換群であることを示せ．

［解答］

前半 (I) は，容易であるから，読者の研究にまかせよう．

(II) 明らかに，交換法則が成り立つ．

① 任意の実数 a に対して，

$$a\circ 0=a$$

であるから，0 が単位元である．

② 任意の実数 a に対して，

$$a\circ(-a)=a\sqrt{1+a^2}-a\sqrt{1+a^2}=0$$

であるから，a の逆元は，$-a$ である．

③ 結合法則が成り立つことを示そう．(I) の (1) によれば，任意の実数 a,b に対して，

$$a=\sinh u, \qquad b=\sinh v$$

とおくことができる．(I) の (2) の前半を使うと，

$$\sqrt{1+a^2}=\sqrt{1+\sinh^2 u}=\sqrt{\cosh^2 u}=\cosh u$$
$$(\because\ \cosh u>0)$$

であり，また，

$$\sqrt{1+b^2}=\sqrt{1+\sinh^2 v}=\sqrt{\cosh^2 v}=\cosh v$$
$$(\because\ \cosh v>0)$$

となる．

$$\therefore\ a\circ b=\sinh u\circ\sinh v$$
$$=\sinh u\cosh v+\sinh v\cosh u$$

ここで，(I) の (2) の後半を使うと，

$$a\circ b=\sinh(u+v)$$

となる．

さて，いま，a,b,c を任意の実数とし，

$$a=\sinh u,\quad b=\sinh v,\quad c=\sinh w$$

とおくと，

$$(a\circ b)\circ c=\sinh(u+v)\circ\sinh w=\sinh(u+v+w)$$

であり，また，

$$a\circ(b\circ c)=\sinh u\circ\sinh(v+w)=\sinh(u+v+w)$$

であるから，

$$(a\circ b)\circ c=a\circ(b\circ c)$$

となる．

以上のことより，$(R,\circ)$ は交換群となる．

（えばら　まこと）

「実数の連続性」とは何か——それは「点とはなにか」をめぐって, ピタゴラスとユークリッド以来の問題であった.

これは「実数論」とはいっているが,「位相空間論」のサワリをやってしまったことになっているのだ. すなわち「実数論」をやるということは, 概念を明示しながらやるなら,「位相空間論」をやることにほかならない. そしてせっかく「実数論」をやるからには, そのような意識がなければつまらない. そのため,「実数論をやらない方式」があるわけだが, ここではその反対の「いちばん本格的に実数論をやる方式」の解説をしたわけだ. 実際には, この中間的な段階があるのだが, 自分の受けている講義はどの方式か, そして, その議論はどういう意味をもっているか, といった理解が, 大学生であるからには望ましい.

いままで, ウルサガタの講義を予想して解説を続けてきたのは, その場合に学生の戸惑いがいちばん大きいからである. 次回からは, ウルサガタとアッサリガタの両方にきくように本論の微積分にはいっていきたい.

——「現代の古典解析」(森 毅 著　現代数学社発行　980円) の一部——

☆☆☆☆☆☆☆☆☆

大学院入試問題を中心とした

数学演習

河合良一郎

7月号で有限体に関する問題を取り上げましたが，有限体の性質も結局は，これが素体の代数拡大体になっていることから導かれます．今月はこれに関連して，体の拡大の問題をもう少し取扱ってみることにしましょう．

まず，つぎの一般な体 $\boldsymbol{K}$ の拡大に関する問題をとり，これを中心に話を進めて行くことにしましょう．

問題1

$\boldsymbol{K}$ を体とし，$f(x)$ を $\boldsymbol{K}$ における既約多項式とする．$f(x)$ は $\boldsymbol{K}$ のある拡大体で根をもつことを示せ．$\boldsymbol{K}$ に $f(x)$ の任意の一根を添加した体は，$\boldsymbol{K}$-同型の違いを除いて一意的に定まることを示せ．

［43　北海道大］

この問題は，抽象的な体論において，一般な可換体の代数拡大体の存在を保証するもので，もっとも基本的な定理といえますが，この様な定理が大学院の入試に出題されるということは，恐らく将来の研究のことをお考えになって，少なくともこれ位のことは良く分かっていなければいけないという最小限の条件として出題されたのではないかと想像されます．

また，この問題で $\boldsymbol{K}$ は全く任意に与えられた抽象体ですから，その上の既約多項式 $f(x)$ といってもいろいろな場合が起こり得ることを注意しておかなければなりません．たとえば，$\boldsymbol{K}$ が複素数体の場合には，Gauss の代数学の基本定理によって，$\boldsymbol{K}$ における既約多項式 $f(x)$ はすべて一次式

$$x-a,\qquad a\in\boldsymbol{K}$$

となり，この問題で問題となっていることは，いずれも trivial な場合として成り立ち，問題になりません．

このことは，$\boldsymbol{K}$ が素体の代数的閉体の場合でも同様です．ですから問題は $\boldsymbol{K}$ がこの様な代数的に閉じた体の場合ではなく，$\boldsymbol{K}$ の元を係数とする2次以上の次数の既約多項式 $f(x)$ の存在する場合だけが本質的に問題になります．そこで，この様な前提の下にこの問題の前半について考えてみることにしましょう．

いま，一つの既約多項式を

$$f(x)=x^n+a_1x^{n-1}+a_2x^{n-2}+\cdots\cdots+a_n,$$
$$a_1,a_2,\ \cdots\cdots,\ a_n\in\boldsymbol{K}$$

として，多項式環 $\boldsymbol{K}[x]$ の $f(x)$ を法とする剰余環 $\boldsymbol{K}[x]/f(x)$ をとってみましょう．もう少し丁寧に言いますと，$\boldsymbol{K}[x]$ の任意の多項式 $g(x)$ は $f(x)$ で割りますと

$$g(x)=f(x)q(x)+r(x)$$

（ただし $r(x)$ の次数は n より小）

という形に表わされますが，$\boldsymbol{K}[x]$ のすべての多項式 $g(x)$ についてこの割り算を行なったと考え，剰余 $r(x)$ が等しいような多項式を一つの類に纏めたものが剰余類で，剰余類相互の間の和・積を，$g_1(x)$, $g_2(x)$ を含む剰余類をそれぞれ $\{g_1(x)\}$, $\{g_2(x)\}$ としたとき

$$\{g_1(x)\}+\{g_2(x)\}=\{g_1(x)+g_2(x)\},$$
$$\{g_1(x)\}\{g_2(x)\}=\{g_1(x)g_2(x)\}$$

によって定義して得られる剰余類全体のつくる環が剰余環 $\boldsymbol{K}[x]/f(x)$ です．剰余環 $\boldsymbol{K}[x]/f(x)$ の中には，$\boldsymbol{K}$ の元 c を含む剰余類 $\{c\}$ があり，対応

$$c\longrightarrow\{c\}$$

は $\boldsymbol{K}$ から $\boldsymbol{K}[x]/f(x)$ の中への同型対応になっていますから，この同型対応の対応者を同一視することによって $\boldsymbol{K}$ は $\boldsymbol{K}[x]/f(x)$ に含まれると考えて差支えありません．いいかえると剰余環 $\boldsymbol{K}[x]/f(x)$ は $\boldsymbol{K}$ の拡大と考えられます．ところが $f(x)$ が既約多項式の場合，$\boldsymbol{K}[x]/f(x)$ は環であるばかりではなく，体になります．任意の $\{0\}$ でない剰余類 $\{g(x)\}$ に対して

$$\{g(x)\}\{h(x)\}=\{1\}$$

を満たすような剰余類 $\{h(x)\}$ が存在します．

実際，任意の多項式 $g(x)$ に対して，$g(x)$ と $f(x)$ とは互いに素ですから

$$g(x)h(x)+f(x)k(x)=1$$

を満たす $\boldsymbol{K}[x]$ の多項式 $h(x)$, $k(x)$ が存在しますが，これは言いかえると $\{g(x)\}\{h(x)\}=\{1\}$ であることを示しています．

このことから剰余環 $\boldsymbol{K}[x]/f(x)$ のことを $f(x)$ を法とする剰余体といいますが，実はこの体が求める $\boldsymbol{K}$ の拡大体になっています．

それは前に言った $\boldsymbol{K}$ から $\boldsymbol{K}[x]/f(x)$ の中への同型対応：$c\to\{c\}$ によりますと $\boldsymbol{K}[x]$ の多項式 $f(x)$ は

$$x^n+\{a_1\}x^{n-1}+\{a_2\}x^{n-2}+\cdots\cdots+\{a_n\}$$

と考えて差支えありません．ところが $\boldsymbol{K}[x]/f(x)$ では

$$\{f(x)\}=\{0\}$$

ですから，これは

$$\{x\}^n+\{a_1\}\{x\}^{n-1}+\{a_2\}\{x\}^{n-2}+\cdots\cdots+\{a_n\}=\{0\}$$

を意味し，$f(x)=0$ が $\boldsymbol{K}$ の拡大体 $\boldsymbol{K}[x]/f(x)$ の中で根 $\{x\}$ をもっていることを示しています．

これで前半の解説は終ったわけですが，これはあくまで説明であって解答ではありません．もし実際の試験の場合ならば解答はどの様に書くべきかということを問題にされる方には，唯，上に述べた説明の要点だけを簡明に書けばよいと申し上げる外はありません．いつも言っていることですが，どの様に書くかという点に関しては制限など全くありません．

つぎに問題の後半に移りましょう．しかし，ここでもやはり面倒な問題があります．$\boldsymbol{K}$ の標数が 0 の場合には，$\boldsymbol{K}[x]$ の既約多項式 $f(x)$ が重根をもつことはなく，$f(x)=0$ の n 個の根 $x_1, x_2, \cdots, x_n$ はすべて異なります．それに反して，$\boldsymbol{K}$ の標数が p の場合には，既約多項式で

$$f(x)=x^{pf}+a_1x^{pf-1}+a_2x^{pf-2}+\cdots\cdots+a_{pf},$$
$$a_1, a_2, \cdots\cdots, a_{pf}\in\boldsymbol{K}$$

という形をもつものに対しては $f'(x)=0$ になりますから，このような形の既約多項式の中には重根をもつものが存在する可能性があります．

実際に，重根をもつ既約多項式の存在することは，つぎのような例を考えてみればわかります．

$\boldsymbol{k}$ を標数 2 の素体とし，x, y を独立な文字とし，体 $\boldsymbol{K}$ としては，$\boldsymbol{k}$ の元を係数とする x の有理函数体をとります．そのとき $\boldsymbol{K}[y]$ の多項式

$$f(y)=y^2-x$$

は明らかに既約です．しかし，$f'(y)=0$ となり，$f(y)=0$ の一つの根を $\sqrt{x}$ で表わすことにしますと，他方は $-\sqrt{x}$ となり，$\boldsymbol{k}$ が標数 2 の素体ですから，これは $\sqrt{x}$ に等しく，$f(y)$ は既約多項式であるにも拘わらず重根をもっています．

（この様な重根をもつ既約多項式のことを**第二種の既約多項式**といいます．）

ですから，この問題の後半を考える場合には，この様な難しい事情があることを良く知った上で，この様な難しい事実であるにも拘わらず後半の部分が成り立つことをよく知らなければならないと思います．

後半の解　$f(x)=0$ の根の一つを x_0 とし，$\boldsymbol{K}$ に x_0 を添加した体を $\boldsymbol{K}(x_0)$ で表わすことにする．$\boldsymbol{K}(x_0)$ の元 θ は，すべて一意的に

(1)　$c_0+c_1x_0+c_2x_0^2+\cdots\cdots+c_{n-1}x_0^{n-1},$
$$c_0, c_1, c_2, \cdots\cdots, c_{n-1}\in\boldsymbol{K}$$

という形に表わすことができる．

一方，剰余体 $\boldsymbol{K}[x]/f(x)$ の元も一意的に

(2)　$\{c_0\}+\{c_1\}\{x\}+\{c_2\}\{x\}^2+\cdots\cdots+\{c_{n-1}\}\{x\}^{n-1},$
$$c_0, c_1, c_2, \cdots\cdots, c_{n-1}\in\boldsymbol{K}$$

のように表わすことができる．そこで，(1) でも (2) でも $c_0, c_1, c_2, \cdots, c_{n-1}$ は $\boldsymbol{K}$ の同じ元を表わすとして，$\boldsymbol{K}(x_0)$ の (1) の形の元に $\boldsymbol{K}[x]/f(x)$ の (2) の形の元を対応させる対応を考えると，この対応は $\boldsymbol{K}(x_0)$ と $\boldsymbol{K}[x]/f(x)$ との間の一対一の対応を与える．

しかも，この対応で $\boldsymbol{K}$ の元は自分自身に対応し，また $\boldsymbol{K}(x_0)$ の二つの元 θ,

$$\theta'=c_0'+c_1'x_0+c_2'x_0^2+\cdots\cdots+c_{n-1}'x_0^{n-1},$$
$$c_0', c_1', c_2', \cdots\cdots, c_{n-1}'\in\boldsymbol{K}$$

の和 $\theta+\theta'$ は

$$\theta+\theta'=(c_0+c_0')+(c_1+c_1')x_0+(c_2+c_2')x_0^2+\cdots$$
$$\cdots+(c_{n-1}+c_{n-1}')x_0^{n-1}$$

であるから，$\theta+\theta'$ には θ に対応する剰余類と θ' に対応する剰余類

$$\{c_0'\}+\{c_1'\}\{x\}+\{c_2'\}\{x\}^2+\cdots\cdots+\{c_{n-1}'\}\{x\}^{n-1}$$

の和が対応している．

また，この対応で x_0 には剰余類 $\{x\}$ が対応し，

$$x_0^2, x_0^3, \cdots\cdots, x_0^{n-1}$$

にはそれぞれ剰余類

$$\{x\}^2, \{x\}^3, \cdots\cdots, \{x\}^{n-1}$$

が対応しており，$\boldsymbol{K}(x_0)$ では x_0 は $f(x_0)=0$ を満たしているから

$$x_0^n=-a_1x_0^{n-1}-a_2x_0^{n-2}-\cdots\cdots-a_n$$

となり，$\boldsymbol{K}[x]/f(x)$ でも

$$\{x\}^n=-\{a_1\}\{x\}^{n-1}-\{a_2\}\{x\}^{n-2}-\cdots\cdots-\{a_n\}$$

が満たされているから x_0^n には $\{x\}^n$ が対応し，その結果

$$x_0^{n+1}, x_0^{n+2}, \cdots\cdots, x_0^{2n-2}$$

には，それぞれ

$$\{x\}^{n+1}, \{x\}^{n+2}, \cdots\cdots, \{x\}^{2n-2}$$

が対応し，$\boldsymbol{K}(x_0)$ の二つの数 θ, θ' の積には，それぞれに対応する $\boldsymbol{K}[x]/f(x)$ の剰余類の積が対応していることがわかる．

以上で，$\boldsymbol{K}(x_0)$ と $\boldsymbol{K}[x]/f(x)$ との $\boldsymbol{K}$-同型がいえたことになり，$\boldsymbol{K}(x_0)$ はすべて互いに $\boldsymbol{K}$-同型であることが証明されたことになる．

一応ここで問題 1 に関することは終りとし，もう一つ体の拡大についての一般な問題を考えてみましょう．

問 題 2

$\boldsymbol{L}$ を可換体 $\boldsymbol{K}$ の有限次分離的拡大体，$\boldsymbol{N}$ を $\boldsymbol{L}$ で生成される $\boldsymbol{K}$ のガロア拡大体とする．α を $\boldsymbol{N}$ の元として，$\beta=Tr_{\boldsymbol{N}/\boldsymbol{L}}(\alpha)$ とおく（$Tr_{\boldsymbol{N}/\boldsymbol{L}}$ は $\boldsymbol{N}/\boldsymbol{L}$ に関する跡を表わす）．α の $\boldsymbol{K}$ 上の共役元全体が $\boldsymbol{N}/\boldsymbol{K}$ の基をつくるならば，$\boldsymbol{L}=\boldsymbol{K}(\beta)$ となることを証明せよ．　［44　東京工大］

この問題についても，解答というとどうも形式的なものになってかえって内容がわかり難くなると思いますので，解説を行なってその中に解答が含まれているようにしたいと思います．

まず，$\boldsymbol{L}$ を $\boldsymbol{K}$ の n 次代数的拡大体とします．

（この問題の場合は，問題の中に $\boldsymbol{L}$ が分離拡大体であるという仮定が入っていますから，前の問題のように第二種の既約多項式についての心配をする必要は全然ありません．）

$\boldsymbol{N}$ は $\boldsymbol{L}$ で生成される $\boldsymbol{K}$ のガロア拡大体ですから，$\boldsymbol{N}/\boldsymbol{K}$ のガロア群を $\mathfrak{G}$ としますと，$\boldsymbol{L}$ は $\boldsymbol{N}$ の元の中で $\mathfrak{G}$ のある部分群 $\mathfrak{H}$ の元で不変な元の全体として特徴づけられます．

いま，$\mathfrak{G}$ の単位元を ι とし，$\mathfrak{H}$ の元の全体を

$$\iota,\ \sigma,\ \sigma_1,\ \sigma_2,\ \cdots\cdots,\ \sigma_{h-1}$$

とし，$\mathfrak{G}$ を $\mathfrak{H}$ によって coset にわけ

$$\mathfrak{G}=\mathfrak{H}+\mathfrak{H}\tau_1+\mathfrak{H}\tau_2+\cdots\cdots+\mathfrak{H}\tau_{n-1}$$

としましょう．そうすると $\boldsymbol{L}$ に共役な体は

$$\boldsymbol{L},\ \tau_1\boldsymbol{L},\ \tau_2\boldsymbol{L},\ \cdots\cdots,\ \tau_{n-1}\boldsymbol{L}$$

の n 個になっています．

そこで，$\boldsymbol{N}$ のある元 α の $\boldsymbol{K}$ 上の共役元全体が $\boldsymbol{N}/\boldsymbol{K}$ の基底をつくっているという問題の仮定ですが，これは上のガロア群の元をつかって表わしますと，nh 個の元

$$\begin{array}{lllll}
\alpha, & \sigma_1\alpha, & \sigma_2\alpha, & \cdots\cdots, & \sigma_{h-}\alpha_1,\\
\tau_1\alpha, & \sigma_1\tau_1\alpha, & \sigma_2\tau_1\alpha, & \cdots\cdots, & \sigma_{h-1}\tau_1\alpha,\\
 & \cdots\cdots\cdots & & & \\
 & \cdots\cdots\cdots & & & \\
\tau_{n-1}\alpha, & \sigma_1\tau_{n-1}\alpha, & \cdots\cdots\cdots, & & \sigma_{h-1}\tau_{n-1}\alpha
\end{array}$$

が $\boldsymbol{N}/\boldsymbol{K}$ の基底をなしているということを意味します．したがって $\boldsymbol{N}$ の任意の元 θ は，この基底によって

$$\begin{aligned}
\theta=&c_{00}\alpha+c_{10}\sigma_1\alpha+c_{20}\sigma_2\alpha+\cdots\cdots+c_{h-1,0}\sigma_{h-1}\alpha\\
&+c_{01}\tau_1\alpha+c_{11}\sigma_1\tau_1\alpha+c_{21}\sigma_2\tau_1\alpha+\cdots\cdots+c_{h-1,1}\sigma_{h-1}\tau_1\alpha\\
&\cdots\cdots\cdots\\
&\cdots\cdots\cdots\\
&+c_{0,n-1}\tau_{n-1}\alpha+c_{1,n-1}\sigma_1\tau_{n-1}\alpha+\cdots\cdots+c_{h-1,n-1}\sigma_{h-1}\tau_{n-1}\alpha
\end{aligned}$$

という形に表わされます．ただし

$$c_{ij}\quad(i=0,\ 1,\ 2,\ \cdots,\ h-1\ ;\ j=0,\ 1,\ 2,\ \cdots,\ n-1)$$

は $\boldsymbol{K}$ の元を表わすものとします．上の θ の表現において，各 j について

$$(3)\qquad c_{0j}\tau_j\alpha+c_{1j}\sigma_1\tau_j\alpha+c_{2j}\sigma_2\tau_j\alpha+\cdots\cdots+c_{h-1,j}\sigma_{h-1}\tau_j\alpha$$

という形の項を考え，これに $\mathfrak{H}$ の元 $\iota,\sigma_1,\sigma_2,\cdots,\sigma_{h-1}$ を施してみますと，coset $\mathfrak{H}\tau_j$ の不変性から，この項に含まれる

$$\tau_j\alpha,\ \sigma_1\tau_j\alpha,\ \sigma_2\tau_j\alpha,\ \cdots\cdots,\ \sigma_{h-1}\tau_j\alpha$$

という形の各部分は，順序だけが変わることになります．ですから，項 $c_{0j}\tau_j\alpha$ に $\mathfrak{H}$ の元 $\iota,\sigma_1,\sigma_2,\cdots,\sigma_{h-1}$ を施しますと，それぞれ

$$c_{0j}\tau_j\alpha,\ c_{0j}\sigma_1\tau_j\alpha,\ c_{0j}\sigma_2\tau_j\alpha,\ \cdots\cdots,\ c_{0j}\sigma_{h-1}\tau_j\alpha$$

がえられますが，もし θ が $\boldsymbol{L}$ の元ならば，θ は $\mathfrak{H}$ の元に対して不変ですから，θ の基底による表現が一意的でなければならないことを考え

$$c_{0j}=c_{1j}=c_{2j}=\cdots\cdots=c_{h-1,j}\qquad(j=0,\ 1,\ 2,\ \cdots\cdots,\ n-1)$$

でなければならないことがわかります，これを (3) に代入しますと，(3) は

$$c_{0j}(\tau_j\alpha+\sigma_1\tau_j\alpha+\sigma_2\tau_j\alpha+\cdots\cdots+\sigma_{h-1}\tau_j\alpha)$$

となり，括弧の中の元を β_j で表わすことにしますと，β_j はその形から明らかな様にすべて $\boldsymbol{L}$ に属しています．結局 θ が $\boldsymbol{L}$ の元のときは，θ は

$$(4)\qquad \theta=c_{00}\beta_0+c_{01}\beta_1+c_{02}\beta_2+\cdots\cdots+c_{0,n-1}\beta_{n-1}$$

のように表わされていることがわかります．

また，(3) を見れば，各 β_j は $\boldsymbol{N}$ のある元 α_j の $\boldsymbol{L}$ に関する trace になっていることも明らかであり，とくに，$\beta_0=\beta$ については

$$\beta=Tr_{\boldsymbol{N}/\boldsymbol{L}}\alpha$$

が成り立っていることもわかります．したがって (4) は $\boldsymbol{L}/\boldsymbol{K}$ が $\boldsymbol{N}$ の n 個の数 $\alpha_0(=\alpha),\ \alpha_1,\ \cdots,\ \alpha_{n-1}$ の $\boldsymbol{L}$ に関する trace $\beta_0(=\beta),\ \beta_1,\ \cdots,\ \beta_{n-1}$ を基底としていることになります．

そこで $\boldsymbol{L}=\boldsymbol{K}(\beta)$ であることの証明ですが，α の $\boldsymbol{K}$ に関する共役元全体が $\boldsymbol{N}/\boldsymbol{K}$ の基底をつくっていることから，α については $\boldsymbol{N}=\boldsymbol{K}(\alpha)$ でなければなりませんが，(4) を考慮すると，$\boldsymbol{L}=\boldsymbol{K}(\beta)$ であることは殆んど明らかでしょう．

（かわい　りょういちろう　京都大）

八高のマッコーさん

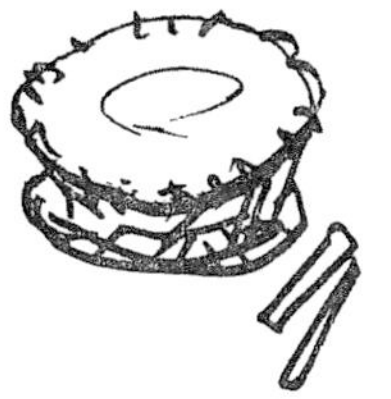

早川康弌

私は大学の数学科ではなくて物理学科をでたのだし，おまけに余り出席率もよくなかったので，ききたいと思いながら聞かなかった講義もある．たとえば高木先生の講義などはそれである．

講義をきいたのは比較的少数で，内容はおもしろいが早口の関西弁に苦しめられた辻正次先生の講義，非常に丁寧でゆっくりした竹内端三先生の講義，幾何が好きでたまらないという表情にみちた窪田忠彦先生の集中講義などである．私としてはそれぞれに得るところがあった．

しかし，中学から大学までに習った先生たちの中で一番強く印象の残っている先生は八高三年のとき一年間習った近藤鉦太郎先生である．

近藤先生は抹香鯨のように大きな額がつきでているところから，“マッコー”とよばれている．

マッコーさんが頭がよくて，変りもので，入試のときむつかしい問題を出すという評判は，抹香さんにならわない学生にも行きわたっていたし，顔も知られていたが，私たちは三年生のときに習うことになった．

普通なら僕たちの学年は抹香さんに習わない番になっていたが，どうしたわけか僕らを担当された先生の講義がすすまず，二年生終りまで微積分もベクトルも習わなくて，三年生のとき近藤先生がそれらを担当された．

当時先生は35才ぐらいだったであろうが， その教育ぶりは全く独特のものであった．

まず第一に，先生の講義は本格的なしっかりしたものであった．集合の話をやり，ペアノ式の整数の話，有理数，切断による実数の話，連続関数についての定理などをキチンとやった．

教科書はあるのだが，それとは無関係に，勝手に話して行くのである．当時（1928年）は日本語や英語のキチンとした本がなくて，少数の学生だけがジョルダンの解析学のはじめの部分だけの訳書（数学叢書）をよんでいる程度であった．さらに一年間に微積分を全部すますという例年とちがった事情のために講義もはやかった．それで講義を理解できない学生の数も例年より多かったらしい．

先生は講義の順序をかいた紙さえも持たずに講義するのだから，時には思いまちがえて，証明のすんでいない定理を使おうとして学生から抗議されるというようなこともあったけれども，とにかく，生き生きとしたしっかりした講義であった．

第二に，先生の学力や頭脳は学生にくらべて圧倒的であったので，どんなことを質問に行っても十分の手ごたえがあった．

私がある微分方程式のとき方をききに行ったとき，先生も即答はできなかったが，一週間後あれは求積法ではできない，ピカールの本にあったと教えてくれた．コーシーの関数方程式を“いたるところ連続”という条件でといて見せに行ったところ，先生は学生時代に“一点で連続”という条件でといたと言って説明してくれた．要するに先生は“胸をかして”くれて学生は安心して力いっぱいぶつかったわけである．

第三に，先生は論理については大変きびしかった．学生が失敗をやると，たちまち“バカダワ”“落第ダワ”とやられる．

大部分の学生にわからないような講義をやって，“バカダワ”を連発しているのだから，今の学生諸君から考えれば排斥運動がおきるはずだと思うかも知れないが，実は先生は皆から親しまれていた．

それは学生が先生の力を知り高校には過ぎた人だと考えていたせいもあるが，それよりもむしろ先生の人徳のせいである．

先生が学生に愛情をもち，また何ひとつ私心をもたないということが，ひとりでに学生にわかっていたからである．これが正に“教育”というものであろう．

先生の博覧強記には私はつねづねおどろいている．極めて多方面の本をよんでそれをおぼえている．たとえば清の時代に発行された考証学の本をよんで，その内容を話してくれたことがある．僕は先生のように強記でないから内容を忘れてしまったが，理科系の人間で，そんな本まで読む人は極めてすくないだろう．

また先生はひどく話し好きで，私がお宅へ伺うと徹夜の話になり奥さんに御迷惑をかけた．

また，先生は職員食堂で毎日同じものを食べる癖があり，鰻ときめると先生が黙っていれば食堂が鰻をもって来るし，ビフテキに変更すれば毎日黙っていてもビフテキを持ってくることになっていた．“その方が考えなくても済むから”というのが先生の説明である．

先生は若いころは，あちこちかわられたようで，塩見研究所，松本高校，一高，商大などにおられたそうだが，出身校の八高へ就職されてからはかわることなく，続いて新制度に伴ない名大教授になられ，停年後は京都産業大学へ毎週出かけておられる．頭脳の点は相変らず健全である．ただしウッカリやであることも相変らずで一緒に旅行した私の義弟の話では切符をおとしてしまい，結局三回切符買わなければならなかったそうである．

また，先生の恩師の渡辺孫一郎先生の法事の時のことだが，先生はその場所を忘れてしまい，迎えに来て案内してくれという電話がかかって来たこともある．

いつまでもお元気でいてもらいたい先生である．

（はやかわ　みちかず　東工大）

少年の春

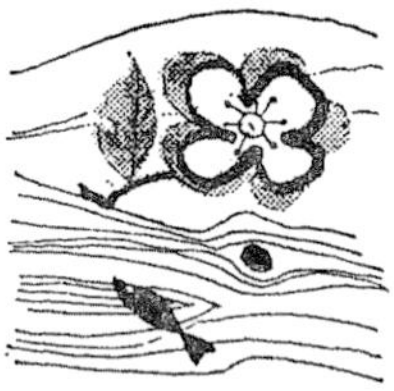

田村二郎

冬の朝の空気は冷たかったが，風はなかった．黒い小倉の制服に白いゲートルをつけた千何百の少年たちが渦巻いていた朝礼前とは，うってかわって静まりかえった校庭であった．そのころ，僕は体操の時間が一番楽しかった．僕ばかりではなかったと思う．グラウンドに身体をぶつけるとき，はねかえってくるような衝撃の爽やかさは，思春期の直前にいる少年たちにとって，天の美食に等しい．

さき程から，校庭に面した校舎のバルコニーに，二つの人影が見える．グラウンドの端に整列して，体操の先生の指示をうけている僕たちからはかなりの距離があったから，もちろん話し声は聞こえないが，誰であるかはすぐにわかった．京都の大学で哲学を学ばれた修身のO先生と，同じ大学を卒業された数学のF先生である．お二人とも話に熱中しておられることは，その身振りから察せられた．僕が気づいたとき，すでに会話は最高潮に達していたのであろう．じきにお二人は固い握手をかわして，校舎の中に消えてゆかれた．

かりにお二人のそばにいたとしても，会話の内容は，何ひとつわからなかったに違いない．それにもかかわらず，僕はすべてを理解した．二人の青年学徒の興奮は，そのまま僕に伝えられた．

生意気ざかりの少年たちの集団は，ときとして手のつけられないものである．彼らは先生たちを呼びすてにする．そうでなければ大ていはアダナをもって代用する．どこの中学にいっても，クマやタヌキやネコのいないところはなかっただろう．

F先生は「モチャ」とよばれていた．中学に入るとすぐ，恐るべき上級生――新入生にとって，ボロボロの制服をまとった巨大な四・五年生は，真に恐るべき存在である――がいった：

「そうか．モチャに数学ならうんか．ええな．モチャはよう勉強しとるで」

モチャは「モダン-チャップリン」の略だそうである．何という下手くそなアダナのつけ方であろう．F先生は貧弱な体軀にだぶだぶの背広を着ているという以外に，チャップリンと共通のところはなかった．少年たちはときとしてこのようにセンスのないものである．しかし，そういう原義から離れて，僕たちの間で「モチャ」はF先生に対する尊敬と愛情の表現であった．

F先生の授業にどういう特徴があったか，実のところ僕にはうまく説明できない．そのころから，学問に対する漠然たる憧憬はもっていたが，僕はそれと縁のない環境にいたし，さしあたっては，教室よりもグラウンドや山の方に惹かれていたからだ．それにしても，少年にとって「時間」は無限そのものである．今，50に近くなって，はからずも十分な「時間」は与えられたけれども，少年の日の豊饒さはもうない．

文字計算に入る前後のことであろうか，F先生がこういうふうにいわれた：

「だからな，マイナス3というときのマイナスと，引き算のマイナスとは全然ちがうものなんだよ．混乱があるんだよ．ところがその混乱をうまく利用して，計算がやりやすくなっているんだよ」

覚えているのはこれくらいである．

F先生の勉強ぶりはよく知られていた．職員室ではいつでもひとりで勉強しておられたし，試験の監督をしながら，黒板でわけのわからぬ計算をされていることもあった．また，大阪大学の談話会から帰宅されるとき，夢中になって乗越しをしてしまわれた話を，当時哲学少年であったM君から聞いたこともある．

何年かたって，僕は数学科の二年生であった．数学物理学会が東大で開かれ，僕たちはそのお手伝いをした．講演のビラ書きである．（戦争中でノートもろくに買えないときであったから，会が終ったあと，朝長康郎君がそれを貰いうけて，たくさんのビラの裏はテンソル計算で埋めつくされた．）講演は分科会にわかれ，函数論の分科会では僕がベルを押す役を勤めた．ネバンリンナの $T(r)$, $N(r)$ の全盛時代であった．このとき，F先生も単葉函数についてのお仕事を発表された．休憩の時間に，参会の先生たちでごった返す廊下の隅で，久し振りにF先生とお話した．「僕も函数論をやるつもりです」といったとき，別に驚いた顔もされず，「阪大の工学部にうつって，Jさんと一しょに勉強しているよ」と，昔にかわらぬ口調で語られた．

F先生の定理は，小松勇作さんの名著「等角写像論」に紹介されている．

（たむら　じろう）

編集後記

●中国とアメリカが，日本の軍国主義の復活を警告した．特に中国の「日中貿易に関する周四原則」は，平和を望む者にとって貴重な役割を果している．なぜなら，韓国・台湾と大企業の取引は，南北朝鮮，大陸と台湾の対立を利用して，結果的に侵略の芽を育てることになるからである．確かに韓国・台湾などとの取引は，善隣としてたいせつである．だからこそ，牙をかくした貪欲な大企業は避けねばならない．

●現在日本の支配階級は，天皇神格化と徴兵のため憲法改悪を急いでいる．表面愛国に名を借りて，実は行きづまりつつある対外輸出の打開と，今まで蓄積した財産を保護するための憲法改悪といえよう．そうした気持ちはわからぬでもないが，だからといって国民を巻き込むことは許されない．この際，アメリカに頼んでどこかの島でも売ってもらい，そこへ財産を移して私兵を養ってそれを守り，そこで天皇を神と仰ぐなり仏と思うのも勝手である．それでこそ真の愛国者といえるのではなかろうか．

●現代数学3年目の企画として，読者の皆さんの要望に応えて毎月号大学教養部のカリキュラムにのっとった各分野を特集していくつもりでいる．どうか意見なり要望があれば，どしどし寄せてもらいたい．産学協同の波が押し寄せる今日このごろ，学ぶとは何かの意味も薄れ勝ちである．そうしたことに応えていければとの願いをもって今後も努力を重ねていくつもりである．

（M）

現代数学 8月号 320円（〒12円）
予約購読料 半年分 1900円
（概算） 1年分 3800円

昭和45年8月1日発行
第3巻 第9号 通巻第29号

編集人 藤木正昭

発行人 富田 栄

発行所 現代数学社
東京都北区田端新町1-1-1
郵便番号 114 振替東京 102903
電話 (03) 893-2336
京都市左京区新柳馬場仁王門下ル
郵便番号 606 振替京都 11144
電話 (075) 771-7948

印刷所 中西印刷株式会社
京都市上京区下立売通小川東入る